金昌肉用湖羊养殖技术

主　编

周占琴

副主编

张爱平　付明哲

编著者

周占琴　张爱平　付明哲

张晚平　周　勇　朱万斌

王世雷　张　磊

金盾出版社

内 容 提 要

本书由西北农林科技大学动物科技学院周占琴等专家编著。内容包括：国内外羊肉生产概况，湖羊品种介绍，湖羊的引进与选择，湖羊的培育与利用，湖羊的营养需要与饲料调制利用，湖羊的饲养管理，湖羊的繁殖技术，湖羊羊场建设，湖羊常见病防治等，是各位专家从事金昌湖羊研究及技术服务的经验总结。本书技术实用，可操作性好，适合湖羊养殖户及生产技术人员学习使用，亦可供农业院校相关专业师生阅读参考。

图书在版编目(CIP)数据

金昌肉用湖羊养殖技术/周占琴主编．—北京：金盾出版社，2014.1(2014.6 重印)

ISBN 978-7-5082-8931-1

Ⅰ.①金… Ⅱ.①周… Ⅲ.①绵羊—饲养管理 Ⅳ.①S826

中国版本图书馆 CIP 数据核字(2013)第 244156 号

金盾出版社出版、总发行

北京太平路 5 号(地铁万寿路站往南)

邮政编码:100036　电话:68214039　83219215

传真:68276683　网址:www.jdcbs.cn

北京盛世双龙印刷有限公司印刷、装订

各地新华书店经销

开本:850×1168 1/32　印张:8　字数:191 千字

2014 年 6 月第 1 版第 2 次印刷

印数:4 001～12 000 册　定价:19.00 元

目 录

第一章 概 况

一、羊肉的市场需求与前景

(一)国际市场羊肉需求与前景

1. 国际市场羊肉需求 世界人均羊肉(包括绵羊肉、羔羊肉和山羊肉)消费量增长速度较慢,2011 年,世界人均羊肉(羔羊肉)年消费量约为 1.81 千克,美国仅为 0.40 千克。相比之下,澳大利亚和新西兰人均羊肉年消费量较高,分别达到 11.79 千克和 11.34 千克。非洲人均消费量约为 2.49 千克。但由于喜食羊肉的伊斯兰教徒迅速增加,已遍布世界 204 个国家和地区,总人口约占世界总人口的 1/4。因此羊肉的需求量不会出现下降现象。

目前,国际市场销售的羊肉以胴体重 25～26 千克的清洁、无污染绵羊肥羔肉为主,以胴体重 15～20 千克的 4～6 月龄绵羊肥羔最受欢迎。在美国、英国每年上市的羊肉中,90％以上是羔羊肉。欧盟、美国和日本进口的羊肉也以高档肥羔肉为主。山羊肉虽然脂肪和胆固醇含量低,蛋白质含量高,属于红肉类,也属于健康食品。但发达国家很少消费山羊肉,他们所生产的山羊肉几乎全部出口给中东及亚洲国家。发展中国家生产的山羊肉基本上被当地居民消费掉,而不像其他肉类那样通过市场出售。

新西兰和澳大利亚是最主要的绵羊肉出口国,约占世界羊肉出口总量的 2/3;欧盟是新西兰羔羊肉最大的出口市场,约占新西兰羊肉出口总额的 57％,其次是英国(19％)、中国(12％)和美国

(7%)。新西兰活羊出口的主要市场是沙特阿拉伯。中国是澳大利亚最大的羊肉市场,2013年第一季度澳大利亚羊肉几乎全部出口给中国,出口量达到4.34万吨,同比增加了3倍多。2013年第一季度新西兰向中国的出口量也增加了1倍多。

2. 国际市场羊肉销售前景 由于羊肉产品同其他农产品一样,其质量安全不仅关系到广大消费者的切身利益和身体健康,也涉及到动物的健康和环境安全。因此,美国、加拿大、欧盟、澳大利亚、日本等国都非常重视农产品的质量检测并建立了严格的安全追溯体系。这些国家对我国肉食品设置了很多市场堡垒,致使我国羊肉很难打入国际市场,只有少量销往我国香港、澳门特区以及出口俄罗斯和中东地区,出口价格也相对较低。2011年我国累计出口鲜冷冻羊肉0.81万吨,同比下降了39.76%。活羊出口量为0.05万吨,其中78.22%销往香港,其余出口到尼泊尔。2012年羊肉出口量更少,仅为0.5万吨。由此可见,我国羊肉的国际市场空间越来越小,如果不能突破卫生质量关,还可能失去更多的市场。

得天独厚的饲养条件和高档次的羔羊肉使新西兰成为国际羊肉市场上的霸主,澳大利亚是尾随其后的第二羊肉出口大国,估计这种形势在近期内不会扭转。这两个国家也将是我国不可或缺的羊肉补充国。

(二)国内市场羊肉需求与前景

1. 国内市场羊肉需求

(1)数量需求 目前我国人均羊肉供应量约为3.4千克,但远远不能满足实际消费需求,每年还要从国外进口,而且进口量一直呈上升趋势。自1980年以来,我国人均羊肉消费量增加了约4%,但进口量增加了500%。尤其是近3年,羊肉进口量迅速上升,2010年为5.7万吨,2011年达到8.27万吨,2012年超过 12.39 万吨，年增长率分别达到 45.17％和 33.25％（表 1-1 和图 1-1）。因此，羊肉成为国内市场缺口最大的畜产品。

表 1-1　2007—2012 年我国羊肉产量与进出口量　（单位：万吨）

年　份	2007	2008	2009	2010	2011	2012
产　量	382.6	380.3	389.4	398	393.1	401
出口量	2.2	1.46	0.96	1.3	0.81	0.50
进口量	4.7	5.54	6.64	5.7	8.27	12.39

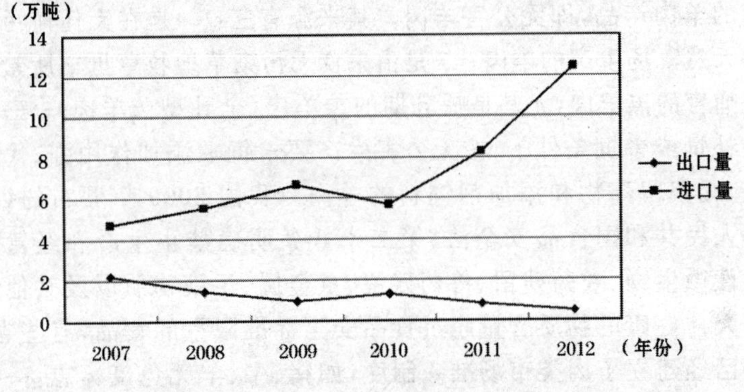

图 1-1　2007—2012 年我国羊肉进出口量

（2）质量需求　发达国家的羊肉市场具有两大特点：一是羔羊肉占主导地位。新西兰羔羊肉占羊肉产量的 80％左右，法国占 75％，英国占 94％，美国占 90％左右，澳大利亚占 70％以上。二是以销售绵羊肉为主。

不论是国际市场，还是国内市场，都对羊肉质量的要求越来越高。

①优质。市场需要优质羊肉，所谓优质羊肉必须具备以下特点：

第一，营养价值高。随着生活水平的提高，人们要求所购买的羊肉蛋白质含量高、脂肪和胆固醇含量低、易烹调。因此，尤其是3～4月龄的乳羔肉更受欢迎，而肌肉纤维粗、脂肪含量高、膻味大、不适合快速烹调的成年羊肉的市场空间越来越小。

第二，口感好。一般说来，多汁鲜嫩、膻味小、瘦肉率高的羔羊肉口感优于普通成年羊肉。但是，如果肌间脂肪含量太低，羊肉则显得色泽太深，烹调后嫩度与香味下降。因此，羊肉不是绝对的越瘦越好。科学工作者希望通过育种、改进饲养方法以及母羔卵巢摘除等措施，增加肌间脂肪含量，以提高山羊肉的嫩度和香味。

第三，卫生。所谓卫生是指无污染、无残留、对人体健康无损害的羊肉产品，即无公害羊肉。其来源有三：一是在无任何污染的天然草场生产的羊肉；二是由采食无污染草地牧草母羊所繁殖与哺育的羔羊肉，尤其是哺乳期的羔羊肉（全乳型羔羊肉）；三是在补饲或舍饲条件下，按无公害生产要求饲喂添加作用强、代谢快、无残留药物和添加剂饲料的羊肉。我国2009年颁布的《中华人民共和国食品安全法》第二十八条明确禁止生产和经营致病性微生物、农药残留、兽药残留、重金属、污染物质以及其他危害人体健康的物质含量超过食品安全标准限量的食品，有些省、市已经建立了肉类市场准入制度，如猪、牛、羊无免疫标志，一律不准进入屠宰场和市场。

②表观评分高。表观评分主要是对胴体评分。要求肉羊胴体肌肉发达，全身骨骼不突出，有光泽，色鲜红或深红，脂肪乳白色或浅黄色。有弹性，指压后的凹陷立即恢复。各国对羊肉表观评分的方法也不尽相同。美国市场对理想型羔羊肉的要求是，胴体重20～25千克，眼肌面积不小于16.2厘米^2，脂肪层不小于0.5厘米、不大于0.76厘米（十二肋骨处），肌肉层厚，修整后肩、胸、腰、腿的切块占胴体重的70%。新西兰对理想型羔羊肉的要求是，平均胴体重15千克，脂肪含量24%，眼肌面积11厘米^2。

③均一性好。由于超市功能的多样化和全面化，超市销售已成为我国最具潜力的流通方式，而且会逐渐取代农贸市场和个体商贩，在农产品零售业中占据统治地位。大部分人将走进超市去购买放心羊肉，并希望在短时间内完成购买活动。但进入超市的羊肉不仅要有一定交易量，而且要求表观整齐一致，质量稳定。

2. 国内市场羊肉销售前景 据估测，在未来3～5年内，国内羊肉价格除了季节性波动外，不会出现大幅下滑现象。其原因是：

(1)羊肉消费水平低 虽然从2003年至2011年，我国羊肉产量从283万吨增加至393万吨，增加了110万吨，年均增长幅度为3.7%。但羊肉在肉类生产中的比重仍然较低。2011年全国肉类总产量达到7 958万吨，但羊肉产量仅为393万吨，约占4.94%，人均占有量仅为3.4千克。

(2)人们的消费观念和保健意识不断提高 不论是城市居民，还是农牧民，随着生活水平的提高，保健意识普遍增强，他们不仅关心食品的口感和营养价值，而且更关注食品的卫生和保健功能。因此，具有食疗和保健功能的低胆固醇、高蛋白质、清洁、无污染的羊肉将受到人们的普遍欢迎。

(3)羊肉是伊斯兰民族不可替代的主要食品 我国是世界上信仰伊斯兰教民族最多的国家，有回族、维吾尔族、哈萨克族、柯尔克孜族、东乡族、撒拉族、塔吉克族、乌孜别克族、保安族、塔塔尔族等10个民族约2 200多万人，羊肉是伊斯兰民族不可替代的主要食品。

(4)人口增加给羊肉市场带来一定压力 我国每年新增约1 000万人，即使羊肉的人均消费量保持不变，每年约需要新增羊肉3.4万吨。如果每只出栏羊产肉量按15千克计算，需求新增出栏肉羊226.7万只，再加上现有人口消费量的自然增加，就远不止这个数字。

(5)羊肉成为旅游景点的一张名片　不论是我国的北方，还是南方，羊肉常常作为特色食品被推上餐桌，如西安的羊肉泡馍、内蒙古的烤全羊、新疆的手抓羊肉，外出旅游的人几乎都会品尝以羊肉为主菜的美味佳肴。据报道，2012 年到新疆旅游的人数达 5 000 万人次，加上 300 万流动人口，牛、羊肉的消费量就要增加 10 万吨以上。

(6)人口城市化拉动了羊肉的需求　人口城市化不仅仅限于户口的变化，随之而来的是生产方式、生活方式、生活质量的变化。由于人们的消费行为具有强烈的"模仿"和追求更高生活水平的倾向，新市民也会走进超市、购买更具营养的食品，从而造成羊肉消费需求的扩张。如果城镇人口年增长率按 1%计，新增居民按每人每年多吃 1 千克羊肉计，羊肉的年消费需求就会增加 0.84 万吨。可见，城市化及城镇人口的增加，将是我国羊肉需求量增长不可忽视的重要因素。

二、国外与国内羊肉生产方法

(一)国外羊肉生产方法

1. 培育良种　肉羊业发达国家都非常重视良种培育。英国培育了约 90 个绵羊品种，另外还有 300 多个杂种。其中罗姆尼、汉普夏、边区莱斯特、考力代和萨福克等 30 多个肉绵羊品种，对世界肉羊业的发展起到了积极的作用。新西兰和澳大利亚培育的无角陶赛特羊、荷兰培育的特克塞尔羊、南非培育的杜泊绵羊和波尔山羊、法国培育的夏洛莱羊都具有较高的产肉性能。美国为了培育在生长速度、抗病力等方面都超过其他肉羊的终端父系品种，开展了多品种肉羊杂交试验。目前正在培育的希尔马克思羊虽然遗传性能还不稳定，但已经表现出体格大、肌肉发达、瘦肉率高等特点。澳大利亚培育的粗毛肉羊品种澳洲白具有产肉性能好、适应性强、饲养管理成本低等特点，成为21世纪最具优势的肉绵羊品种之一。

2. 引进良种 发达国家也非常重视肉羊良种引进，即使像英国这样著名的肉羊生产国，也不满足于自己培育的品种，而从欧洲大陆输入了很多肉羊品种，其中特克塞尔和夏洛莱两个引进品种已经在英国养羊业中占据了很重要的位置。1989年还从比利时引进了杂种肉羊贝尔特克斯。美国在近20多年来，引进了特克塞尔、杜泊、罗曼诺夫、东佛里森以及布尔山羊等许多肉羊品种。新西兰、澳大利亚、法国、加拿大等国都没有放弃良种肉羊的引进，更重要的是他们有效地利用了这些引进品种。

3. 重视多胎品种的利用 目前世界各国都把提高母羊繁殖率当做提高养殖收入的关键措施，纷纷引进多胎绵羊品种。据美国农业部专家估计，20世纪70年代羔羊肉收入的增加，15%是个体选育的结果，25%是芬兰兰德瑞斯多胎羊的贡献，30%～60%是经济杂交的结果。因此，芬兰羊和罗曼诺夫杂种母羊被广泛用作商品肉羊杂交的终端母本。尤其是罗曼诺夫杂种母羊，不仅产羔多，羔羊成活率高，而且繁殖季节长。含有1/2罗曼诺夫血液的杂种母羊产羔率可达到275%～280%。在挪威，通过选育，使母羊的平均产羔数从2000年1.90只提高到2008年的2.07只。

4. 有效利用杂交技术 各国生态环境与资源条件不同，所推行的杂交模式也不一样。但所有的人都很关注杂种羔羊的生活力和生产力，要求父本具有生长发育快、屠宰率高、肉质好等特点，母本品种具有早熟、母性强、全年发情、利用年限长、难产比例低、产羔率高、泌乳量大和适应性强等特点。因此，芬兰羊和罗曼诺夫杂种母羊被广泛用作终端母本。世界各国普遍采用三元杂交模式。在澳大利亚，以脂尾型羊万瑞羊为母本，杜泊绵羊为第一父本，澳洲白羊为终端父本的三元杂交模式被看做是未来羊肉生产最有效的杂交模式之一。新西兰是世界上最大的杂种羊生产国，所生产的杂种羊占世界杂种肉羊总量的25%。

5. 利用生物技术加快育种进程　育种工作者不仅仅根据羊的个体或亲属表现型值进行选择，而且利用分子生物技术，通过检测与主基因相连锁的分子标记，从群体内和家系内检测出具有重要经济价值的主效基因，而且通过对主效基因的快速转移，实现培育高生产性能肉羊品种或改良现有肉羊品种的目的。澳洲白羊就是利用这种技术育成的具有突出产肉性能的肉羊品种。

6. 重视粗毛肉羊培育　由于全球气候变暖，气候更加干燥，世界上很多地方的草原会因干旱而出现植被退化、产草量下降等现象。因此，南非和澳大利亚等国及时调整了育种方向，培育出了自我调节能力强，适应干旱、干热气候的粗毛肉羊品种杜泊和澳洲白等品种，并利用这些粗毛肉羊进行三元杂交肥羔生产，其杂种后代不仅具有体格大、生长速度快、繁殖力高、板皮品质好、抗逆性和抗病力强等特点，而且胴体更加均匀一致，可以满足更加挑剔的市场需求。另外，这类杂种羔羊能自动脱毛，可节省养殖成本，并能不断补充杂交母本群体，改变了以往那种因终端羔羊全部屠宰而出现的母本短缺现象。

7. 重视羔羊断奶重　虽然羔羊出生重和断奶重越大，生长潜力也越大，但初生重越大，难产率也越高。难产对养羊业的影响是不容忽视的。因此，育种工作者不再一味地追求羔羊出生重，而是加以限制，把羔羊断奶体重作为主要关注指标。

8. 注重抗寄生虫羊群的培育　寄生虫对羊群的危害性很大，因此，畜牧工作者在肉羊选育过程中，把粪便虫卵数作为一项重要的指标，希望培育出抗寄生虫的品种。

9. 重视羔羊胴体质量的改进

(1)提高肉羊眼肌面积　由于羔羊眼肌面积越大，胴体瘦肉率越高，高档腰肉和后躯肉比例越高。因此，畜牧工作者通过选育或杂交改良,努力提高肉羊眼肌面积。法国培育的眼肌面积较大的法兰西岛羊不仅成为法国最具优势绵羊品种,而且被看做世界顶级羊肉生产品种,被30多个国家引进。

(2)降低断奶羔羊胴体GR值　GR值是指12～13肋骨之间,距背脊中线11厘米处的组织厚度,是胴体脂肪评分的依据。该值越高,说明胴体脂肪越多,胴体品质越差。羔羊越肥,屠宰场的加工费用也越高。

(3)提高6月龄胴体重　为了降低肉羊养殖成本,提高羔羊胴体质量和养殖效益,羔羊通常在6月龄时屠宰上市。出口羔羊胴体不仅要有理想的表观指标,而且要求重量达到25～26千克。目前美国出口羔羊胴体已经达到28千克,荷兰达到25千克,澳大利亚达到26千克。北美挪威、瑞典、丹麦等国家绵羊平均胴体重也达到20千克。

(4)提高产品的均一性　由于大部分羊肉都通过零售商或者快餐行业来销售,他们对羊肉切块都有严格的要求。只有整齐的胴体才能分割成均匀一致的切块。因此,胴体大小与外观整齐度是商品羊肉重要的市场指标。

10. 采取放牧饲养法　肉羊饲养业较发达国家,基本上都采取围栏放牧饲养方式,甚至羔羊肥育都是在放牧条件下完成的。新西兰坚持“以栏管畜,以畜管草,以草定畜,草畜平衡”的原则,政府根据不同地区、不同条件设计草地建设方案,由国家投资,毁林烧荒,消灭杂草,建设围栏,配备人畜用水设施、牧道、草棚等,然后出售给个人经营。经过100多年的努力,新西兰全国围栏总长度达到80.5万千米,围栏面积占全国草场面积的90%以上。为了确保围栏的完好性,每公顷每年投入围栏维修费50新元。新西兰还建成人工草场910多万公顷,约占全国草场总面积的70%,几乎覆盖了整个平原和丘陵。人工草场通常为70%的黑麦草籽和30%的三叶草籽混播,每公顷可养羊15～20只,高的可达25只以上，比植被较好的天然草场提高 5～6 倍。羔羊在人工草场上经过放牧肥育，4～5 月龄体重达到 36～40 千克时即可屠宰。澳大利亚也建成了世界上最长的围栏，全长 5 321 千米，从南澳州大海湾向东延伸，经新南威尔士，穿过昆士兰东部，抵近太平洋岸。围栏高 1.8 米，可防止野狗侵袭羊群和保护草场。在气温较寒冷的北美国家丹麦、瑞典等国，围栏也是草场的主要管理设施。羊群在围栏内轮牧的时间依据牧草生机的恢复和避免寄生虫感染的原则确定，从 2 周到数月不等。在温暖地区和温暖季节采取短期轮牧，在寒冷地区或寒冷季节，则采取长期轮牧。

(二)国内羊肉生产现状与方法

1. 国内羊肉生产现状

(1)绵羊、山羊存栏量下降　2004—2011 年期间，我国绵羊、山羊存栏量从 36 639.1 万只下降至 28 235.8 万只，8 年下降了 8 403.3 万只，下降率为 22.94%。其中绵羊下降了 18.3%，山羊下降了 26.99%。尽管这一时期肉羊出栏率从 77.36% 提高至 94.42%，但由于存栏量减幅较大，出栏量仍然下降了 5.93%。因此，使羊肉总产量从 399.3 万吨下降至 393.1 万吨(表 1-2)。

表 1-2　2004—2011 年全国肉羊生产情况

年度	羊存栏量(万只)			出栏量(万只)	羊肉产量		出栏率(%)
	总　量	绵　羊	山　羊		总产肉量(万吨)	个体产肉量(千克)	
2004	36639.1	17088.8	19550.9	28343.0	399.3	14.09	77.36
2005	37265.9	17389.9	19876.1	30804.5	435.5	14.14	82.66
2006	36896.6	17196.1	19700.5	32967.6	469.7	14.3	89.35
2007	28564.7	14228.2	14336.5	25570.7	382.6	14.96	89.52

续表 1-2

年度	羊存栏量(万只)			出栏量(万只)	羊肉产量		出栏率(%)
	总 量	绵 羊	山 羊		总产肉量(万吨)	个体产肉量(千克)	
2008	28084.9	12855.7	15229.2	26172.3	380.3	14.53	93.19
2009	28452.2	13402.1	15050.1	26732.9	389.4	14.57	93.96
2010	28087.9	13884	14203.9	27220.2	398.9	14.65	96.91
2011	28235.8	13961.5	14274.2	26661.5	393.1	14.74	94.42

(2)个体产肉量低　虽然在 2004—2011 年期间,肉羊出栏率提高了 17 个百分点,但个体产肉量仅从 14.09 千克提高到 14.74 千克,仅仅提高了 0.65 千克,始终没有跨越 15 千克。导致这一结果的主要原因是山羊在出栏肉羊中的比重较高,如 2011 年出栏的肉羊中,山羊达到 14 076.1 万只,占 52.8%,绵羊为 12 585.4 万只,占 47.2%。山羊生长缓慢,个体小,在一定程度上影响了羊肉总产量;另一方面,由于我国肉羊良种化程度较低,低产土种羊仍然是羊肉生产的主力军,所生产的胴体较小。

(3)缺乏适应性较强的肉羊良种　我国约 64%的绵羊饲养在内蒙古、甘肃、新疆、青海、西藏五大牧区,但这一区域的羊肉产量仅占全国羊肉总产量的 42.32%。平均每只羊的产肉量不到 20 千克,其重要原因是这一区域属于干旱、半干旱甚至荒漠、半荒漠地区,普遍存在着饲料资源缺乏、饲养管理条件较差等问题,引进肉羊良种很难适应或很难得到有效的利用,当地肉羊良种化程度低,极大地影响了羊肉产量和质量的提高。

(4)标准化生产水平低　以家庭为单元的小规模饲养仍然是我国目前广大农牧区的主要肉羊生产方式,各养殖户的杂交模式、饲养管理条件、配种时间都有很大差异;而且由于终端杂种全部被屠宰或杂交后代出现退化等问题影响，无法实现杂交母本的自我补群，未能推行标准化生产技术。因此，所生产的商品羔羊个体间差异大，终端产品均一性差，无法满足高端市场对产品的质量需要。

(5)母本羊繁殖力低下　目前很多规模舍饲羊场或养殖户出现养殖效益下降甚至亏损现象，其原因很多，但最主要的原因是母羊繁殖力不高。每只适繁母羊每年只产 1～2 只羔羊。

2. 国内羊肉生产方法　为了保护草原生态环境，我国西北地区不得不推行禁牧、休牧或退牧政策，使养羊业由低成本的放牧饲养方式转向舍饲。在舍饲条件下，由于饲料、人工、疾病防治和圈舍建设等成本上升，致使很多羊场或养殖户养殖效益明显下降甚至出现亏损现象。因此，畜牧工作者亟待从品种培育、饲料调制和饲养方法改进入手，努力提高舍饲肉羊的养殖效率。

(1)培育新品种　培育适应性强、繁殖力高和产肉性能好的肉羊新品种。目前正在培育的金昌肉用湖羊就是在保持该品种良好适应性的基础上，希望通过严格选育和导血杂交，使适繁母羊 2 年产 3 胎，产羔率达到 250%以上，6 月龄羔羊平均体重达到 40 千克以上，屠宰率达到 50%以上，尾型结构和胴体品质得到明显改进，进而形成一个能够适应我国西北地区干旱气候条件的繁殖力高、生长速度快的肉羊新品种，从根本上解决舍饲肉羊效益低下和肉羊杂交母本缺乏问题，彻底摆脱种羊“引进—退化—再引进—再退化”的局面。

(2)建立高效杂交模式　近年来，我国引进了萨福克、无角陶赛特、杜泊、特克塞尔、夏洛莱和波尔山羊等品种，开展了不同组合的杂交试验，筛选出适合我国北方地区的肉羊杂交模式。

①肉绵羊杂交模式

杜泊羊♂×湖羊♀

↓

商品肉羊

萨福克羊(或无角陶赛特羊)♂×小尾寒羊♀

↓

商品肉羊

②肉山羊杂交模式

布尔山羊♂×奶山羊♀

↓

商品肉羊

(3)开发肉羊饲料　为了保证肉羊产业的健康发展,甘肃元生农牧科技有限公司投资2 000万元,建起了肉羊专用饲料加工厂并已投入使用。目前,西北农林科技大学与该公司共同研发出适合繁殖羊和不同生长期商品肉羊饲料13种(包括全混合日粮5种、精料补充料4种、浓缩料4种)。内蒙古正大饲料公司也在积极开发适合不同生理阶段的肉羊饲料。

(4)推行规范化和标准化养殖技术　科技工作者针对我国舍饲肉羊养殖场、养殖户普遍存在的问题和技术需要,开展了各种形式的技术研发,提出了包括种羊培育、饲养管理、饲料供给、圈舍建设和疫病防治等环节的技术规范与标准,尤其是通过肉羊专用饲料的开发和肉羊养殖机械化水平的提升,大大加快了肉羊规模化和标准化养殖进程。

(5)利用先进育种技术　畜牧工作者主要通过对调控肌肉生长发育的MyoD基因和高繁殖力的FecB基因检测,筛选出快长型和高繁型个体,组建育种群,并进行有计划的扩群繁育。

(6)推广繁殖新技术　通过推广利用羊人工授精、同期发情和B超妊娠诊断技术，充分发挥优良公羊的作用，迅速提高羊群质量，同时可使母羊的配种和产羔时间相对集中，更加合理，实现羊群的科学管理和羊肉的批量生产。

(7)建立健全防疫制度　定期对羊群进行抽查与检测(主要包括传染性胸膜肺炎、口蹄疫、布鲁氏菌病、羊口疮等)，一旦发现问题，及时采取措施。

第二章　湖羊品种介绍

湖羊是一个具有800多年历史的多胎绵羊品种，也是目前世界上唯一生产白色羔皮的绵羊品种，还是一个能适应我国南北气候、肉用性能良好、受国家保护的绵羊良种。早在南宋时期，来自北方的移民将一部分蒙古羊带到江南，饲养在江、浙、沪交界的太湖流域一带，因此被称为湖羊。

一、湖羊品种特征

（一）体型外貌

金昌湖羊体格中等。公、母羊均无角，头狭长，鼻梁隆起，耳大下垂；颈、躯干和四肢细长，前胸欠发达，体躯呈扁长形，背腰平直，腹微下垂；尾扁圆，尾尖上翘，属于短小脂尾；腹毛粗、稀而短，体质结实。全身毛白色，被毛由无髓毛、两型毛和有髓毛组成，属于异质毛，夏初剪取被毛是较理想的地毯毛。

（二）性状表现

湖羊具有八大优势性状，非常适合金昌乃至西北地区饲养。

1. 维持营养消耗少，体质恢复快　湖羊体格中等，本身的维持营养消耗量较少，因此在正常饲养管理条件下，可保证胎儿正常发育，羔羊成活率远远高于相同饲养管理条件下的小尾寒羊。所以，湖羊在饲养条件较严酷的西北地区会更受欢迎。由于湖羊繁殖力高，适繁母羊通常带2～3只羔羊，虽然哺乳期体能消耗量较大，但羔羊断奶后，可很快恢复体质。在金昌地区，正常饲养管理条件下，羔羊断奶20～30天后，母羊基本上都能发情配种，进入下一个繁殖周期。

2. 食谱广，适应性强 很多青草、干草、农作物秸秆、农副加工产品都可作为湖羊的饲料。湖羊不仅能适应江南地区37℃～39℃的湿热、狭小的舍饲环境，还能适应寒冷的西北地区的舍饲、放牧或半放牧条件。据报道，湖羊引入新疆准噶尔盆地库尔班通特沙漠边缘的莫索湾表现良好，羔羊初生重、生长速度和成年体重都高于原产地湖羊。引入金昌的湖羊经过40多个小时的长途运输，不但没有出现运输应激死亡现象，而且能很快适应金昌的舍饲条件。母羊在引进1个月后(即7月龄)全部发情配种，所产羔羊在45～55日龄断奶后，生长发育良好，未出现断奶应激现象。

由于湖羊适应性好，抗逆性强，目前已被引入新疆、甘肃、宁夏、内蒙古、湖北、河北等地区。

3. 性格温顺，易管理 湖羊胆小，怕声响，尤其在狭小的舍饲条件下，相互之间很少发生打斗现象。湖羊性格温驯、安静，容易管理，维持营养需要量较低，非常适合舍饲养殖。

一般来说，无角羊比较温驯，饲料消耗量较小，容易上膘。因此，江南人选择了无角羊，就选择了温驯，选择了经济和效益。

4. 繁殖性能好，产羔多 繁殖力是现代肉羊生产最重视的性状之一。尤其是规模舍饲羊场，只有养殖高繁殖力的品种，才有可能获得养殖效益。湖羊属早熟品种，母羔5～6月龄性成熟，7～8月龄便可配种。湖羊发情不受季节的影响，一年四季都可以发情、排卵、交配、受胎和产羔。发情周期为16～18天。在正常饲养条件下，1年产2胎或2年产3胎，每胎产2～3只羔羊，产羔率为229%左右；在良好的饲养管理条件下，经产母羊产羔率可达到300%以上。据浙江省农业科学院畜牧所技术人员统计，浙江湖羊产双羔母羊占49.6%，产3羔母羊占30.22%，产4～5羔母羊占7.3%，多胎母羊(产3羔以上)占37.52%。据对金昌湖羊观察，初产母羊平均产羔率达到205.45%，其中产4羔、3羔、2羔和1羔的母羊分别占5.9%、26.7%、34.2%和33.2%，多胎母羊占32.6%。羔羊成活率达到98.6%。羔羊断奶后20～30天，母羊便进入第二个繁殖周期，经产母羊平均产羔率达到260%以上。因此，湖羊被看做理想的肉羊杂交母本品种。

5. 泌乳性能好，母性强 在以青粗、多汁饲料为主，稍加精料的条件下，湖羊一个泌乳期(4个月)可产奶100升以上，满足3只羔羊的营养需要。在蛋白质和多汁饲料丰富的条件下，其产奶量还会提高，最高可达300升。因此，有人认为，湖羊的饲养成本要比奶牛低得多，湖羊奶极具商品开发价值和潜力。

6. 生长速度快 在一般农户饲养条件下，湖羊成年公羊平均体重为65千克左右，成年母羊平均体重40千克左右。但湖羊前期生长速度快。据浙江省农业科学院测定，湖羊1月龄平均日增重可达到236.5克，3～4月龄平均日增重213.3克。断奶后肥育的双羔日增重可达240克，屠宰率达50%以上，料肉比达2∶1。在一般饲料条件和精心管理下，湖羊6月龄体重可达成年羊体重的80%以上，周岁时即可达成年羊体重90%以上。随着饲养管理条件的改善，湖羊的生长潜力会得到更大发挥，如金昌元生公司饲养的湖羊羔羊，45日龄体重可达到20千克，最大体重达到25千克，此时断奶组群，未出现断奶应激现象，4月龄前一直处于快速生长阶段。因此，湖羊是目前国内最优秀的适合舍饲和直线育肥的肥羔生产品种。

7. 骨骼细小，肉品品质高 湖羊不仅骨骼细小，净肉率高，而且膻味小，肉品品质高。据测定，金昌湖羊6月龄公羔体重达到36千克，屠宰率达到52%。另据浙江大学林嘉教授等人测定，浙江湖羊公、母羊净肉率分别为38.8%和40.55%，骨肉比分别为

1∶4和1∶4.59。湖羊肉鲜嫩、多汁，脂肪适中，蛋白质含量高。据陈雪君等人测定，湖羊肌肉蛋白质含量达到20.3%～24%（表2-1），远远高于小尾寒羊肉（17.1%）、苏尼特羊肉（19.2%）、乌珠穆沁羊肉（18.06%）、田羊肉（19.23%）、多浪羊肉（18.99%）和哈萨克羊肉（18.93%），而且必需氨基酸组成全面，其中赖氨酸含量达1.95%，明显高于小尾寒羊肉（1.27%～1.65%）。

表2-1 不同月(年)龄湖羊肌肉粗蛋白质含量 （单位：%）

年 龄	5月龄	10月龄	18月龄	4岁
背最长肌	20.3±0.33	20.6±0.27	21.6±0.35	22.5±0.54
肱三头肌	21.7±0.27	22.1±0.33	23.1±0.90	24.0±0.47

8. 被毛白色，羔皮有特色 羔羊出生后1～2天内宰杀剥制、加工的羔皮（小湖羊皮）毛纤维束弯曲呈水波纹花案，洁白美观，轻柔而富有弹性，是制作女翻毛大衣的优质原料，在市场上享有“软宝石”之称。远销欧洲、北美洲、日本、澳大利亚和我国港澳等地。

二、对湖羊误解的纠正

（一）湖羊不适合放牧

可以肯定地说，世界上没有任何一个绵羊、山羊品种不适合放牧，只是所需要的放牧条件不同而已。虽然放牧锻炼不能使湖羊变得像小尾寒羊那样强悍，但可以变得更加健壮。虽然由舍饲转向放牧需要一个过程，但这并不意味湖羊不可放牧，湖羊也像其他绵羊、山羊品种一样，能很快适应更加合理的生活方式。

(二)湖羊怕声响和鞭打

绵羊本身就是胆小的代名词。不论是地方品种,还是培育品种,所有的绵羊都怕声响和鞭打,遇到雷电、鞭炮等剧烈声响或突然声响,都会四处逃窜,妊娠母羊会出现流产。也就是说,胆小是绵羊的本性,是共性,并不是湖羊的专有特性。通过锻炼可以改善这一性状,但并不能改变绵羊的本性。

(三)湖羊怕光

长期在黑暗中生活的动物都怕光,包括人。湖羊本来不怕光,而是由于原产地的湖羊长期生活在暗无天日的狭小空间内,长时间不接触光线,眼睛的虹膜和视网膜适应了黑暗,遇见光线后,瞳孔又不会灵活地缩小。因此,遇到强烈的阳光照射就会变得很不安定,甚至引起眼炎。但金昌湖羊天天生活在阳光下,从来就不怕光。因此,动物的一种表现并不能代表一种特性。

(四)湖羊不需要运动场

随着养羊规模的增大和羊肉价格的上涨,人们对湖羊的关注度有所提高,湖羊的舍饲条件也有所改善,但在我国南方地区,一般羊场都不设运动场,而是常年饲养在不见阳光的圈舍内。即使生活在没有运动场所的地方,湖羊也能生存和繁育,而且在这种环境中生活了几百年,并且正常地繁衍下来。但这并不能证明这种饲养方式具有合理性,尤其是在规模舍饲条件下,羊群常年生活在空气流动性差、缺乏光照和运动条件的圈舍内,必定在一定程度上影响湖羊的健康和繁殖。大家知道,动物体需要维生素 D,而其中90%是靠晒太阳获得的,即皮肤通过获取阳光中的紫外线来制造维生素 D_3,身体再把维生素 D_3 转化为活性维生素 D。维生素 D 有助于钙、磷的吸收,促进骨骼的形成。因此,维生素 D 也被称为

“阳光维生素”。所以，舍饲湖羊场应根据具体条件修建运动场。

三、湖羊与小尾寒羊的区别

小尾寒羊和湖羊都是我国古老粗毛羊品种——蒙古羊的后裔，但由于它们所引入地区的环境条件不同，不同地区的人们按照自己的生活习惯、喜好和饲养管理条件对引进羊只进行了定向选择，从而形成了在体型外貌和生产性能方面有明显差异的两个品种。

据考证，在宋朝中期，北方少数民族迁移中原时，把蒙古羊带到黄河流域，主要饲养在山东鲁西南地区，即后来的小尾寒羊。由于当地饲料资源较丰富，人们的性格较彪悍、豪爽，并有斗羊取乐的习惯，喜欢将高大健壮、威猛好斗、具有螺旋形大角、行动敏捷的公羊培育成斗羊，以期在斗羊大赛上获得胜利。获胜的斗羊常常披红戴花，备受赞赏，并被选作种公羊用于配种。此外，经过训练的高大、健壮、好斗的小尾寒羊公羊对外来人和动物有一定威胁，还被当做看家护院的卫士。由于人们对小尾寒羊这些特殊要求和向特定方向的长期选择，使小尾寒羊变得与蒙古羊和湖羊都有明显差异。由于斗羊活动量大，体力消耗大，需要特殊管理与培养，其饲料营养水平也远远高于一般绵羊品种，日粮中不仅要有一定量的高蛋白质精料（如豆类）和麸皮、玉米等，而且要有优质青绿饲料，还需要专门的运动锻炼和行为训练。如果饲料营养水平太低，就无法维持正常的生存、生长与繁殖。繁殖母羊妊娠后期营养缺乏，容易出现产前瘫痪和胎儿死亡。

湖羊则是精打细算的江南人的代表之作。湖羊离开辽阔的内蒙古大草原来到江南，就意味着失去了广袤的草场。在湖羊来到江南之时，江南就已经成为丝绸之乡，家家户户栽桑养蚕。南宋官员范成大在《田园杂兴》中写道：柳花深巷午鸡声，桑叶尖新绿未成,坐睡觉来无一事,满窗晴日看蚕生。有些人靠买桑养蚕,桑叶成为商人投机倒把的商品,有人根据市场桑叶供求的变化而哄抬叶价,牟取暴利。因此,大量的土地用于种植桑树,可供绵羊放牧的草场非常有限。但每养10万条蚕就产干蚕沙200千克,堆积如山的蚕沙如何处理?于是江南人想到用蚕沙养羊,湖羊自然成为养蚕人的清洁工。蚕沙含粗蛋白质16.7%、粗脂肪3.7%、粗纤维19%,同时还富含叶绿素、维生素E、维生素K和果胶等。农户利用养蚕过程中产生的副产品——蚕沙,叶梗、枯叶、庄前屋后的野草及农副产品,养湖羊5~7头,而且长期禁锢在狭小的圈舍里,湖羊不仅适应了该地区湿热的气候和狭小的饲养条件,并且变得温驯和安静。为了节约养殖成本,获得最大利益,人们还注意选留多胎和无角个体。经过长期的选择,形成了今天我们看到具有诸多优点的湖羊品种。

表2-2列出了湖羊与小尾寒羊的主要区别。

表2-2 湖羊与小尾寒羊的主要区别

项　目	小尾寒羊	湖　羊
来　源	蒙古羊的后裔	蒙古羊的后裔
培育历史	宋朝中期开始	南宋时期开始
分布地	山东省的鲁西南部	浙江、江苏间的太湖流域
被毛颜色	全身白色,少数个体头部有色斑;被毛为异质毛,适宜织地毯	全身白色毛,腹毛粗、稀、短;被毛为异质毛,适宜织地毯
头颈部	公羊头大颈粗,鼻梁隆起,耳大下垂;母羊头小颈长	头狭长,鼻梁隆起,多数耳大下垂,颈细长
角　形	公羊有发达的螺旋形大角,母羊大都有角,形状不一,有镰刀状、鹿角状、姜芽状等,极少数无角	公、母羊均无角

续表 2-2

项　目	小尾寒羊	湖　羊
体格和体躯结构	体格大，体躯长，背腰平直，四肢高	体格中等，体躯狭长，背腰平直，腹微下垂，四肢偏细
体　重	成年公羊平均体重 80.5 千克，成年母羊平均体重 57.3 千克	成年公羊平均体重 40～50 千克，成年母羊平均体重 35～45 千克
性　格	较凶悍、善打斗	较温驯、易管理
尾　型	脂尾在飞节以上	尾扁圆，尾尖上翘
骨骼发育	骨骼发达	骨骼较纤细
羔　皮		羔皮毛纤维束弯曲，呈水波纹花案，弹性强，洁白美观
性成熟	5～6 月龄	5～6 月龄
产羔率	可 1 年产 2 胎或 2 年 3 胎，平均产羔率 255%	可 1 年产 2 胎或 2 年 3 胎，平均产羔率 229%以上，在良好的饲养管理条件下可达到 300%以上
适应性	较　好	很　好
饲料要求	对饲料质量要求较高，日粮由有一定量的高蛋白质饲料（如豆类）、能量饲料（如麸皮和玉米等）和优质青绿饲料或青干草组成	对饲料质量的要求不高，在良好的饲养管理条件下，膘情很快得到恢复

第三章　湖羊的引进与选择

羊作为一种生命有机体，其体内各种活动非常复杂而且处于动态平衡状态，而这一复杂活动的有序进行则依赖于运动系统、神经系统、内分泌系统、循环系统、呼吸系统、消化系统、泌尿系统、生殖系统的调控。在这八大系统的有效调控下，体内所有“部件”，大到各类器官，小到细胞，才能各负其责。动物体与环境之间也同样存在着一种动态平衡，任何一种环境因素的变化，都会影响或打乱体内活动的平衡，打乱身体与环境之间的平衡。因此，绵羊、山羊引种工作绝不是将羊从甲地运到乙地的一个简单过程，更不像搬运一台机器那么简单。如果忽视了生物体的复杂性，或忽略了生命的脆弱性，盲目性运送，就会导致引种失败。

一、引种前的准备工作

(一)明确用途

有些人喜欢跟风，看见别人引进一个肉羊品种，自己也跟着引进，根本不知道这个品种是否适应当地的生态条件，是不是属于自己应当选择的品种。其结果可能是别人盲目，自己盲从。无论是大的肉羊养殖场，还是个体的养殖户，引种前必须考虑清楚：自己引进的羊是用于纯种繁育还是杂交改良？用于什么品种的杂交改良？目的明确了，再根据需要确定引进品种和数量。

(二)调查了解

1. 了解适应性 首先要了解湖羊的培育历史、生态环境和生理特点及其适应性能,考虑湖羊是否可以适应引入地的生态环境条件。如甘肃金昌地区某养殖场2011年就计划引进湖羊,通过考察了解,发现引入新疆准噶尔盆地库尔班通特沙漠边缘的莫索湾的湖羊表现良好,羔羊初生重、生长速度和成年体重都高于原产地湖羊。而金昌地区的气候条件比莫索湾好得多,因此可以决定引进。事实证明,湖羊在金昌地区表现良好。

2. 了解生产性能 对于肉羊来说,必须具备前期生长速度快、肉质好、适应性强等特点。目前市场上最受欢迎的肉羊母本品种都是适应性较强的高繁殖力品种。父本品种,尤其终端父本品种多为生长速度较快、早熟、体格中等的短腿羊。大型品种通常是用作第一杂交父本或者用于改良低产、小型品种。湖羊具备了一个母本品种所有的条件。

3. 了解杂交改良效果 如果没有可借鉴的例证,可少量引进,进行杂交试验,并在杂交试验的基础上做出决定。如我国北方地区,普遍用杜泊羊或萨福克羊作父本,湖羊和小尾寒羊作母本,进行杂种肉羊生产,不仅是因为这几个品种本身的生产力和生活力较好,更重要的是它们的杂交优势比较突出,湖羊繁殖力高,杜泊羊生长速度快,二者体高接近,便于交配,杂种后代的产肉性能比较理想。因此,"湖羊♀×杜泊羊♂→商品肉羊"这一简单而实用的杂交模式受到人们的欢迎。

4. 了解疫病流行情况 通过调查,确认购进羊只饲养区无一、二类传染病后方可选购,并对所挑选的羊只进行严格检疫,确认健康无病后再运羊,以免造成不必要的损失。

(三)贮备好饲料

俗话说:“兵马未动,粮草先行。”引种前,必须贮备足够的青干草、青贮饲料或者建有一定规模的饲料基地,可保证引进羊只的营养需要。

(四)对圈舍进行彻底消毒

引进羊只,经过长途运输,体质较差,很容易遭受环境病菌的侵袭。因此,必须提供干燥、清洁的圈舍条件。

二、种羊的购进与运输

(一)种羊选择

历史上,原产地湖羊是以家庭小规模饲养为主。虽然养殖者的选育方向基本一致,但选育方法和选育标准不同,所选择的个体差异很大。如果任凭不良个体发展,群体生产水平就会下降,一些优势性状可能丧失,甚至出现退化现象。因此,湖羊仍需要再选育,再提高,即使核心育种群,也不例外。

湖羊种羊选择应从以下 4 个方面入手:

1. 看系谱　查看系谱,要对其上几代羊的生产性能,如体增重、繁殖力等,进行认真考察,只有好的祖先,才能有好的后代,同时查明该个体与欲购进的其他羊是否属于近亲关系。经过后裔测验的公羊,还要看后代的主要经济指标,后代好,就说明该种羊遗传性能稳定,否则体型再好也不能购进。

2. 看本身表现(表型选择)

(1)体型外貌　看体型外貌是否符合品种标准且属于理想型个体,有无明显的遗传缺陷。体型外貌不理想或有某种遗传缺陷的个体都不能留作种羊。湖羊的外貌特征是:全身被毛纯白色,少数个体眼睑或四肢下端有黑色或黄色、褐色斑点。头颈狭长,鼻梁隆起,耳朵下垂,公羊少数有痕迹角,母羊无角。体躯较长,四肢较短且端正,尾巴呈扁圆形,尾尖上翘,公羊睾丸大而紧凑。上述任何一个特征不明显或缺乏,如头上有角或尾尖下垂,就可能不是纯种湖羊。

(2)体格大小　对于同期出生的羔羊而言,一般体格较大的个体发育较好。但仅靠体格指标进行选择是不够的,还要考虑其他因素,如环境条件,被比较和选择的羊是否处于相同的饲养管理环境?因为生活在较为优越的营养条件下的羔羊(如单羔由奶量充足的母羊哺乳)总要比生长在逆境中的羔羊(一胎多羔,营养不足或患过疾病)长得快。因此,处在这样两种环境下的羔羊体格大小就没有可比性。

以下是湖羊体重与体尺的具体测定方法。

体重是指羊在早晨放牧或饲喂前空腹时称取的活体重量。

由于羊属于小型动物,其体尺测量结果通常受站立姿势、膘情、精神状态等因素的影响,因此在个体评定工作中,仅作为参考值。一般来说,羊的体尺主要测量体高、体长、胸围和管围 4 项。

体高:是鬐甲顶点至地面的垂直高度,也称鬐甲高。

体长:是肩端到臀端的距离,也称体斜长。

胸围:是沿肩胛后缘量取的胸部周径。

管围:是在左前肢管部上 1/3 最细处量取的水平周径。

(3)产羔数　据观察,初产 3 羔的母羊的累积产羔数远远高于初产单羔和初产双羔的母羊。作为肉羊,产更多的羔羊就意味着生产更多的羊肉。因此,选留初产双羔以上的母羊更为有利。

3. 看同胞和半同胞表现　查看来自同胎羔羊和同父羔羊是否都发育良好。如果有发育不良的个体,就要找原因,及时做出选留判断。

4. 看后代表现 查看后备种羊所产后代的生产性能，是不是将父母代的优良性能传给了后代，凡是优良性状遗传力差的个体都不能选留。后备母羊的数量，一般要达到需要数的 3～5 倍，后备公羊的数量也要多于需要量。

(二)不宜购进的羊只

1. 未断奶和刚断奶的羔羊 这类羊只比较难养，容易出现应激死亡，因此不宜引进。

2. 经产母羊 一般情况下，羊场和农户不愿意出售青壮年经产母羊，所出售的多为有严重缺点的淘汰羊或者老龄母羊。湖羊在 2～3 岁时就达到繁殖高峰期，4 岁以后繁殖力逐渐下降。繁殖频率较高(1 年产 2 胎或者 3 年产 5 胎)的母羊一般衰老较早，5 岁以后就可以考虑退出繁育群。因此不宜购进这类羊只。

3. 动作迟缓的公羊 不同的个体存在着性格差异，这种差异不仅影响公羊的性成熟年龄和使用年限，而且影响其采精量和精液品质。一般来说，行动迟缓的公羊性成熟较晚，配种能力较差，不宜购进。

4. 老龄公羊 老龄公羊不仅使用年限短，而且性欲下降，精液品质差，所产羔羊体质较差，影响母羊的繁殖效果。

(三)羊龄的判断方法

绵羊的年龄主要根据门齿的生长发育、脱换、磨损和松动等情况做出判断。羊共有 32 枚牙齿。上颌无门齿，仅有 12 枚臼齿，每边各有 6 枚；下颌有 8 枚门齿，另有 12 枚臼齿，每边各有 6 枚。下颌 8 枚门齿中，最中间的 2 枚叫切齿，也叫钳齿，紧靠切齿的 1 对为内中间齿，再外面的 1 对为外中间齿，最外面的 1 对叫隅齿。幼龄羊的牙齿叫乳齿，洁白而细小。通常情况下，羊出生时就有 6 枚乳齿，3～4 周龄时，8 枚乳齿长齐。1 岁时第一对乳齿更换成宽大的永久门齿(钳齿);2 岁时内中间齿脱换;3 岁时外中间齿脱换;4 岁隅齿脱换;5 岁时个别门齿有明显的齿星;6 岁时磨损更多,门齿间出现明显的缝隙,齿龈凹陷,齿冠变小;7～9 岁时牙根活动并陆续脱落。饲养管理条件影响牙齿的脱换和磨损,如饲料中钙、磷比例失调,牙齿脱换时间会推迟,质地变松,过早脱落;但在石灰质地貌条件下放牧的羊只,则牙齿磨损较早。因此,根据牙齿判断羊的年龄还要参考饲养管理条件。

(四)购进时的注意事项

1. 注意原产地与引入地的季节差异　由温暖地区引至寒冷地区,宜在春末或夏初调运,由寒冷地区引至温暖地区,则宜在秋末或冬初抵达,以使羊只逐渐适应气候冷暖的变化。

2. 注意购进羊只的年龄　购进羊只最好选择 5～6 月龄育成羊。育成羊不仅生命力旺盛,使用年限长,而且能很快进入繁育年龄,创造财富,缩短投资周期。

3. 注意引入地的地势条件　湖羊适合舍饲或者在较平缓的草地上放牧,如果引入地为灌木丛生的山区,而且以放牧为主,最好选择饲养肉山羊,而不是湖羊。

4. 注意海拔差异　湖羊长期饲养在海拔只有几米至几十米的江南地区,如果要引入到 3 000 米以上的高原,容易患呼吸疾病,甚至死亡。因此,最好从海拔 1 000～2 000 米的西北地区引进。目前,甘肃、陕西、新疆等很多地方都饲养湖羊,其中金昌市湖羊饲养量较大,品质较优,其核心育种群适繁母羊产羔率已达 280％。

(五)运输过程中的注意事项

1. 注意通风　装车不能太拥挤,以防通风不良导致羊只死亡。

2. 防止急刹车　在运输过程中,急刹车往往可能导致羊只拥挤和互相践踏，导致损伤或死亡。

3. 注意饮水 长途运输过程中缺乏饲料、饮水，羊只惊恐，强迫站立，均要消耗大量体力，会导致身体消瘦、脱水，甚至衰竭死亡。因此，在长途运输过程中，尽可能做到每天补 1～2 次水。

(六)引进后的注意事项

1. 饲料和饮水供应 对运输途中未进食和饮水的羊只，待休息 1～2 小时后，先喂青干草，再饮水，当天不宜喂精料，禁止饮用冰冷水。

2. 防止传染性胸膜肺炎 长途运输后，羊只体质较差，加上北方风沙较大，气温变化剧烈，很容易诱发传染性胸膜肺炎。因此，必须连续注射 3～5 天长效土霉素（长效米先），以防止传染性胸膜肺炎的发生。

三、个体选配

(一)同质选配

对于特一级母羊或具有某种突出优点的母羊，可选择具有相同优良性状和特点的公羊进行交配，以便使它们的优势性状和特点在后代身上得到巩固和提高。如用体长公羊配体长母羊，生产体长羔羊；用高繁公羊配高繁母羊，生产高繁殖力后代。

(二)异质选配

对于低产或有某一缺陷的母羊，可选择特一级优秀公羊进行交配，以期达到改进母羊缺点、提高生产水平的目的。

(三)年龄选配

由于公羊的年龄对后代影响很大，所以选配时要适当考虑交配双方的年龄。一般来说，幼龄羊所生后代具有晚熟、生活力弱、生产性能低及遗传不稳定等特点，壮年羊后代具有机体功能活动旺盛，遗传性比较保守和相对稳定，生活力强，生产性能高和长寿等特点；老龄羊后代衰老早，生活力差，遗传性不稳定。因此，为了获得好的后代，可选择成年公羊配青年母羊、成年母羊和老龄母羊，青年公羊配成年母羊。尽量避免幼龄公、母羊之间，老龄公、母羊之间的交配。

(四)近亲交配

近亲交配是在品种培育初期或品系繁育过程中谨慎采用的一种方法。不适当的近亲交配不仅会导致后代生活力、繁殖力、生长发育、生产性能下降，而且会造成导致畸形胎儿和死胎率上升，群体退化。因此，一般羊群尽量避免采用近亲交配。

第四章　湖羊的培育与利用

湖羊属于地方品种，也是我国最有发展前景和利用价值的绵羊品种。目前已被引入新疆、甘肃、宁夏、内蒙古、湖北、河北等省区，广泛用于羊肉生产和肉羊杂交改良。

一、湖羊新品系培育

在我国，肉羊规模舍饲养殖的最大制约因素是养殖成本高、效益低，而影响舍饲养殖效益的最大瓶颈是繁殖力低，其次才是技术问题。为了提高肉羊养殖效益，很多人在杂交模式的选择和杂交父本羊的培育上下功夫，从国外引进了很多优良肉羊品种，如杜泊、萨福克、陶赛特、波德代等，而很少有人关注杂交母本羊的培育与发展问题。事实上，母本的繁殖性能与产肉性能对肉羊杂交效果的影响远远高于父本羊。为了从源头上解决肉羊杂交母本缺乏和舍饲肉羊养殖效益低下问题，西北农林科技大学周占琴教授建议：通过引进、选育和导血杂交，培育出适应甘肃金昌市乃至河西地区气候特点、适合规模舍饲和肉羊高效杂交的高繁湖羊和肉用型湖羊新品系。金昌市政府、金昌市农牧局对这一建议高度重视，并成立了由市农牧局局长杨秀俊任组长的项目领导小组和以西北农林科技大学周占琴教授任组长的技术攻关小组，及时制订方案，安排经费，将任务落实到人。

湖羊新品系培育的前期试验工作已在甘肃元生农牧科技公司和甘肃陇原中天生物公司开展，进一步培育工作将扩大到甘肃三洋金源农牧股份公司等 5 个规模型湖羊养殖场。

(一)湖羊新品系培育计划

1. 高繁湖羊新品系培育

(1)建立基础群　选择来自三胞胎以上(包括三羔)、符合湖羊二级以上品种标准的母羊组成品系基础群,进行精心管理。

(2)选择系祖　选择符合湖羊品种特一级标准的来自同胎三羔的公羊3～5只,经过后裔测验和基因型检测,证明确为高繁优秀公羊且后代表现良好方可定为系祖。

(3)闭锁繁育　用选出的系祖与高繁基础群母羊交配,并对其2月龄羔羊进行基因型检测与初选,初选羔羊在4月龄和6月龄时再进行表型选择。对所选留的个体进行有计划的近亲交配,形成3～4个高繁家系。

(4)家系间杂交　有计划地进行高繁家系间杂交,使湖羊高繁性状得到巩固与提高。

(5)严格选择　每年对高繁群湖羊进行严格鉴定与选择,及时淘汰不良个体,使群体适繁母羊产羔率达到280%以上,年产断奶羔羊4只以上。

2. 肉用型湖羊新品系培育

(1)组建基础群　选择来自双胞胎以上(包括双胞胎)、符合湖羊二级以上品种标准的母羊组成品系基础群,进行精心管理。

(2)选择导血公羊　选择来自双胞胎的特一级杜泊公羊。

(3)开展导血试验

第一,用杜泊公羊与所选择的湖羊母羊进行杂交。

第二,选择来自双胞胎或三胞胎的含1/2杜泊羊血液的优秀公、母羊分别与双胎湖羊交配。

第三,选择来自双胞胎或三胞胎的含1/4杜泊羊血液的理想公、母羊进行横交固定。

第四,选择含1/4杜泊羊血液的理想型个体进行横交固定。

(4)选育提高　对横交固定湖羊进行严格选育和精心培育。

(二)组织管理

1. 成立技术攻关小组　本项目由西北农林科技大学与金昌市农牧局牵头,甘肃元生农牧科技公司、甘肃陇原中天生物工程公司、甘肃三洋金源农牧公司相关畜牧技术人员或管理人员、永昌县畜牧工作站和金川区畜牧工作站技术人员共同组成项目技术攻关小组。共同讨论制定项目执行计划和实施方案。

2. 成立项目领导小组　组长由金昌市农牧局主管领导担任。技术人员参与,并将任务落实到个体人员。

(三)保障体系建设

1. 疾病防控体系　定期对各大羊场及养殖户羊群进行抽查与检测(检测疫病主要包括传染性胸膜肺炎、口蹄疫、布鲁氏菌病、羊口疮等),一旦发现问题,及时采取措施。

2. 饲料开发与供应体系　在提升元生农牧科技公司现有肉羊饲料质量的基础上,开发适合不同类型肉羊养殖的预混料、浓缩料、精料补充料、全混合育肥料、代初乳、代乳料等,满足广大湖羊养殖场、养殖户对各类饲料的要求,特别是浓缩料和育肥料的需要。

3. 技术服务体系

(1)利用电视和电台讲座、现场指导、电话咨询、建立QQ群、集中培训以及发放技术资料与教材等形式向广大湖羊养殖场、养殖户提供技术服务。

(2)制定适合高繁湖羊饲养、繁殖、健康管理与发展过程的技术规范,并打印成册,发放给全市湖羊养殖场、养殖户。

(3)正式出版《金昌湖羊养殖教材》,并发放到广大湖羊养殖场、养殖户。

通过以上措施，确保湖羊养殖区的技术入户率达到90%以上。

4. 三级育种体系

(1)一级育种场　以甘肃元生农牧科技公司、甘肃陇原中天生物工程股份有限公司、甘肃三洋金源农牧股份公司等种羊场为中心育种场(一级核心育种场)，组建高繁湖羊和肉用型湖羊育种群，通过闭锁繁育等措施，使一级育种场高繁湖羊和肉用型湖羊饲养量达到3万只以上，其中理想型特级、一级湖羊达到70%以上，每年向二、三级羊场和农户提供种羊2万只以上。

(2)二级扩繁场　选择存栏量在500只以上的湖羊养殖场10～15个，通过快速扩繁和严格选育，使每场高繁湖羊或肉用型湖羊存栏量达到1 000只以上。其中二级以上母羊达到70%以上，每年向三级育种场和广大示范户提供一级种公、母羊500只以上。

(3)三级示范场　选择存栏量在200只以上的湖羊养殖场(户)50个以上。其主要任务是在培育和向周边养殖户推广高繁或肉用型湖羊(200只)的同时，利用一、二级场提供的良种公羊开展肉羊杂交试验与示范，迅速提高肉羊养殖效益。

5. 配套技术体系

(1)杂交模式推广　向金昌市肉羊示范户大力推行简单易行的“湖羊♀×杜泊♂→商品肉羊”杂交模式。

(2)羔羊育肥技术的试验与示范

①直线育肥技术。在羔羊早开食、早锻炼的基础上，开展断奶羔羊直线育肥试验，开发出4月龄小羔羊肉和6月龄肥羔肉。

②阶段育肥试验。一是6月龄肥羔生产。主要在三级场和示范户推行阶段育肥技术，生产6月龄肥羔肉。二是去势母羔育肥技术。在示范场(户)开展断奶母羔去势育肥技术试验与示范，使上市母羔体增重提高5%～10%。

6. 辅助选育措施　金昌市政府、市农牧局将借助永昌骊靬文化节、金川区羊肉美食节，定期或不定期地举办湖羊赛羊大会，会上选出特级、一级、二级湖羊若干只，分别给予一定金额的奖励，并进行现场拍卖，以鼓励广大湖羊养殖户参与湖羊选留工作，以提高辖区羊群质量。

二、湖羊的有效利用

（一）用于肥羔生产

湖羊产羔多，产奶量高。羔羊早期生长速度快，饲料报酬高，屠宰率高，骨骼纤细，胴体净肉率高，肉质优，肌肉蛋白质含量明显高于其他绵羊品种；而且适应性好，抗应激能力强，既能适应南方密集、湿热的舍饲条件，又能在北方干旱、寒冷的环境里繁衍生息。在正常饲养管理条件下，湖羊羔羊 45～50 日龄、体重达到 15～18 千克时即可断奶，在较好的饲养管理条件下，一般不会出现明显的断奶应激现象。因此，湖羊羔羊非常适合直线育肥，用于肥羔生产。4～6 月龄羔羊日增重可达到 220～260 克，可与引进肉羊相媲美。

（二）用作肉羊杂交母本

由于湖羊具有高繁殖力和较高的产奶量，与专用肉用品种公羊杂交，不仅可以生产较多的羔羊，而且羔羊的生长速度快、抗病力强。因此，在肉羊生产中，为了保证母羊的产羔率和羔羊生长速度，湖羊被看做理想的肉羊杂交母本品种，通常用于肉羊二元杂交。湖羊与小尾寒羊的杂种后代可兼备两个品种共同的优点（高繁殖力、高抗病力等），包括小尾寒羊较大的体格特征，也是较理想的杂交母本羊。

与湖羊组成的较理想的杂交组合有：

组合一　　湖羊♀×杜泊羊♂
↓
商品肉羊

组合二　　湖羊♀×陶赛特羊♂
↓
商品肉羊

组合三　　（湖羊×小尾寒羊）♀×杜泊羊♂
↓
商品肉羊

另外，湖羊与萨福克羊、特克赛尔羊杂交效果也较好。

（三）用于改造地方低产（低繁殖力）绵羊品种

湖羊不仅适应性强，可在全国广大地区正常生活与繁殖，而且其多羔性状是受主效基因控制，当湖羊与单羔品种杂交时，多羔性状呈现高度显性遗传。因此，来自同胎多羔（如三胞胎）的湖羊可用于其他低繁殖力品种的改良。

（四）用于羔皮生产

湖羊羔羊出生后1～2天内屠宰剥取的羔皮称为“小湖羊皮”，为我国传统的出口商品。湖羊羔皮毛色洁白光亮，有丝一般光泽，皮张轻柔，手感柔和，花纹呈波浪式，紧贴皮板，扑而不散，是目前世界上稀有的白色羔皮，在国际市场上久享盛誉，素有中国“软宝石”之称。湖羊羔皮经鞣制后可以染成各种颜色，加工成妇女的翻毛大衣、披肩、帽子、围巾以及外衣镶边、春秋时装和童装等。

（五）用于绵羊奶生产

湖羊繁殖力高，产奶量多，经产母羊日产奶量可达到1.5～2

千克，在正常饲养管理条件下，可哺育 3 只羔羊。如果能增加产奶量的选择强度、适当导入外血、提高日粮蛋白质水平、多喂青绿饲料和多汁饲料，湖羊的产奶量会更高，有望通过有计划的选育，培育出我国自己的奶绵羊品种。

（六）用作绵羊胚胎移植受体羊

用作胚胎移植的受体羊，首先应当具备良好的繁殖性能，排卵多、产奶量高、母性好、哺乳能力强，而且要求体格较大，体质健壮，抗逆性强。只有这样，才能保证胚胎在受体羊体内正常发育，羔羊出生后也能健康生长。因此，肉山羊胚胎移植多选择奶山羊作受体羊，高产肉绵羊胚胎移植常选择湖羊或小尾寒羊作受体羊。

第五章 湖羊的营养需要与饲料调制利用

一、湖羊的消化特点

湖羊同其他绵羊品种一样，在正常情况下，采食饲草就可以满足其营养需要，但在饲草数量不足、质量不高的情况下，需要补充精料。饲草(包括牧草、秸秆和树叶等)和精料统称为饲料，湖羊采食的饲料通过消化器官的作用分解为比较简单的物质后被机体吸收，用于维持身体机能和产品生产的需要。

(一)主要消化器官及功能

湖羊的消化器官由消化管和消化腺两部分组成。消化管是食物通过的管道，包括口腔、咽、食管、胃、小肠、大肠和肛门，各组织器官的结构和功能非常复杂。

1. 胃 羊有4个胃室，分别是瘤胃、网胃、瓣胃和皱胃。前3个胃没有腺体组织，不能分泌消化液，对饲料起发酵和机械性消化作用，统称为前胃。皱胃也叫真胃。成年湖羊4个胃总容积约为30升，相当于整个消化道容积的67%左右。

(1)瘤胃 瘤胃容积较大，约占胃总容积的78%，是羊摄入饲料的临时“贮藏库”，可保证羊在短时间内采食大量饲料。瘤胃也是一个微生物密度高、调控严密的生物发酵罐。瘤胃内温度达40℃左右，pH值在6～8之间，寄生着60多种微生物，包括厌氧性细菌、原虫、厌氧真菌等，每毫升瘤胃液中含细菌5亿～10亿个、原虫 2 000 万～5 000 万个。这些微生物可为羊提供非常重要的功能性作用。

瘤胃虽然不能分泌消化液，但胃壁强大的纵形环肌能够强有力地收缩与松弛，进行节律性蠕动，以搅拌食物。胃黏膜表面有无数密集的角质化乳头，有助于食糜与胃壁接触。另一方面，瘤胃内存在大量的细菌和纤毛原虫等，这些微生物的主要作用如下。

①分解消化粗纤维。湖羊本身并不能产生分解粗纤维的酶，必须借助于微生物活动产生的纤维分解酶把粗饲料中的粗纤维分解成容易被消化吸收的碳水化合物，再通过瘤胃壁吸收利用，作为羊主要的能量来源。羊通过瘤胃微生物对日粮营养物质的发酵、分解所得到的能量，占羊能量需要量的 40%～60%。

②合成菌体蛋白，改善日粮粗蛋白质的品质。羊日粮中的含氮物质（包括蛋白质和非蛋白质含氮化合物）进入瘤胃后，大部分会经过瘤胃微生物的分解，产生氨和其他低分子含氮化合物。瘤胃微生物再利用这些低分子含氮化合物来合成自身的蛋白质，以满足繁殖的需要。随食糜进入真胃和小肠的微生物，可被消化道内的蛋白酶分解，成为湖羊的重要蛋白质来源。日粮中低品质的植物性蛋白质和非蛋白氮经过瘤胃微生物的分解和合成作用，其必需氨基酸含量可提高 5～10 倍。试验表明，用禾本科干草或农作物秸秆饲喂绵羊时，由瘤胃转移到真胃的蛋白质约有 82%属于菌体蛋白。可见，瘤胃微生物在羊的蛋白质营养供给方面具有重要的作用。

③合成维生素。维生素 B_1、维生素 B_2、维生素 B_{12}和维生素 K 是瘤胃微生物的代谢产物，到达小肠后可被羊吸收利用，满足羊对这些维生素的需要。因此，成年湖羊一般不会缺乏这几种维生素。在放牧条件下，羊也很少发生维生素 A、维生素 D 和维生素 E 缺乏。但是，如果长期缺乏青饲料，羊就会出现维生素 A、维生素 D 和维生素 E 缺乏症，尤其是种公羊、生长期羔羊和妊娠后期母羊

更容易发生。因此，必须在日粮中添加这几种维生素或饲喂富含维生素的青绿多汁饲料或青贮饲料，以满足羊的健康、生长发育及生产需要。

(2)网胃　网胃呈球形，约占胃总容量的7%，因内壁分隔成很多如蜂巢状的网格，故又称蜂巢胃。瘤胃和网胃紧连在一起，其消化生理作用基本相似，除机械作用外，也可利用微生物进行分解消化食物。网胃如同筛子，起着饲料过滤作用，将随饲料吃进去的钉子、泥沙都留在其中，因此网胃又被称为“硬胃”。

(3)瓣胃　又称百叶胃，占胃总容量的6%～7%，内壁有无数纵列的褶膜，对食物进行机械性压榨作用，可将食物中的粗糙部分阻留下来，继续加以压磨，同时吸收食糜中大量水分、挥发性脂肪酸以及钙、磷等物质，减少食糜体积并将其送入皱胃。

(4)皱胃　又称真胃，类似单胃动物的胃，占胃总容量的7%～8%。胃壁黏膜有腺体分布，具有分泌盐酸和胃蛋白酶的作用，可对食物进行化学性消化。

湖羊胃的大小和机能，随年龄的增长发生变化。初生羔羊的前3胃很小，结构还不完善，微生物区系尚未健全，不能消化粗纤维，只能靠母乳生活。羔羊吸吮的母乳不接触前3胃的胃壁，而是靠食道沟的闭锁作用，直接进入真胃，由真胃凝乳酶进行消化。但随着日龄的增长，前3胃不断发育完善。早开食，可促进瘤胃发育，即采食的植物性饲料可为微生物的繁殖创造营养条件，逐步建立起完善的微生物区系，反过来稳定的微生物区系又利于羊更好地消化利用植物饲料。因此，羔羊一般在生后10～14天便开始补饲一些容易消化的优质青干草和混合料。通过早开食、早锻炼，羔羊在7周龄时瘤胃就可以发育完全。但如果羔羊不及时采食植物性饲料，则瘤胃发育缓慢，进而影响整个机体的生长发育。

2. 小肠　羊的小肠细长曲折，长度为17～34米(平均约25

米)，相当于体长的 26～27 倍。肠黏膜中分布有大量的腺体，可以分泌蛋白酶、脂肪酶和淀粉酶等消化酶类。小肠越长，吸收能力越强，胃内容物进入小肠后，在各种酶的作用下进行消化，分解为一些简单的营养物质经绒毛膜吸收。尚未完全消化的食物残渣则与大量水分一道，随小肠蠕动而被推进到大肠。

3. 大肠 羊的大肠直径比小肠大，但长度为 4～13 米(平均约 7 米)，无分泌消化液的功能，其作用主要是吸收水分和形成粪便。小肠内未完全消化的食物残渣，可在大肠内微生物及食糜中的酶的作用下继续消化和吸收。水分被吸收后的残渣形成粪便，排出体外。

(二)反　刍

反刍是羊的主要消化行为，包括逆呕—再咀嚼—再混合唾液—再吞咽这样一个过程。当湖羊采食停止后或休息时，把经瘤胃液浸泡的饲草逆呕成一个食团于口中，经反复咀嚼后再吞咽入瘤胃，然后再逆呕咀嚼另一个食团。湖羊一天内可逆呕食团 500 个左右。反刍活动是食欲正常的反映，可保证羊在单位时间内采食最大量的食物。影响羊反刍时间的因素很多，如饲料的种类和品质、日粮的调制方法、饲喂方式、气候、饮水以及羊的体况等。一般来说，牧草含水量大，反刍时间短；日粮纤维含量高和采食长干草时，反刍时间长；当羊过度疲劳、患病、受到外界的强烈刺激或长期采食单一颗粒饲料时，会出现反刍紊乱或停止。病羊如果出现食欲废绝、反刍停止，就表明其病情已十分严重。

羔羊出生后 40 天左右便出现反刍行为。早开食可刺激前胃发育，提早出现反刍行为。

(三)采　食

湖羊没有上门齿和犬齿，采食时利用上唇、舌头和稍向外弓的锐利下门齿共同作用，切断牧草，吞入瘤胃。湖羊在采食时，具有以下特点。

(1)具有天生性饲料喜好　湖羊喜食鲜嫩牧草，这是由遗传及身体生理结构决定。

(2)可根据口感调整采食取向　在放牧条件下，可根据口感调整采食取向。如当牧草中单宁含量超过2%时(按干物质计算)，会拒绝采食。因此，在放牧条件下，羊群出现单宁中毒的可能性很小。但湖羊会贪食精饲料，如果不限制它们的采食量，就会发生消化不良或酸中毒，甚至死亡。

(3)可根据采食后果判断饲料的可食性　湖羊可将饲料的适口性或风味与某些不适(如胃肠道不适)或愉快的感觉联系在一起，产生“厌恶”或“喜好”。有过某种毒草中毒经历的羊，一般不会再次采食同种毒草。

(4)可根据营养需要选择食物　在放牧条件下，湖羊可根据身体需要选择牧草。在舍饲条件下，湖羊的选择机会受到限制，在严重缺乏某种营养素的条件下，湖羊会强迫自己采食它们并不喜欢的食物或异物，如羊毛、粪土和瓦砾等。

(5)可改变采食行为　羊可以通过模仿、采食经历或人为的训练，对某种饲料产生喜好或厌恶，如在饲喂青贮饲料的初期，大多数羊会拒绝采食，但经过1～2周的诱导训练，可接受并能较好地适应；另一方面，湖羊的许多行为习性具有较大的可塑性，会随着环境条件的变化而变化。如长期放牧的羊，经过一段时间的舍饲后，再回到草场上，就不会啃食牧草，仍需要1～2周的训练才能恢复。此外，与成年羊相比，羔羊更容易接受某种风味。

二、湖羊的营养需要

羊的营养需要是指羊在生存、生长及生产过程中，所需要的各种营养成分的总和。可划分为维持需要和生产需要。维持需要主要用于基础代谢、自由活动和维持体温。生产需要包括生长需要、妊娠需要、产奶需要等。羊摄取的营养物质首先满足维持需要，满足维持需要后的剩余养分才用于生产产品。维持需要占总摄取养分的比例越低，用于生产需要的比例就越高，饲养效益就越好。羊需要的营养物质包括蛋白质、碳水化合物、脂肪、矿物元素、维生素和水等。

（一）蛋 白 质

蛋白质是给动物体提供氮素的物质，也是细胞的主要组成部分，参与动物代谢的大部分化学反应，在生命过程中起着重要作用。

1. 蛋白质的营养功能

（1）维持正常生命活动、构建组织器官　蛋白质不仅是羊的肌肉、皮肤、血液、神经、结缔组织、腺体、精液等的主要成分，而且在体内起着传导、运输、支持、保护、连接、运动等多种功能性作用。由于构成各组织器官的蛋白质种类不同，不同的组织器官具有各自特异性生理功能。

（2）构成各种酶、激素和抗体　蛋白质是动物体内各种酶、激素和抗体的主体成分，并在维持体内渗透压和水分的正常分布方面起着重要作用。

（3）为机体提供热能　在动物体内营养不足时，蛋白质可分解供给能量，维持机体代谢活动。当蛋白质摄入过剩时，也可转化成糖、脂肪或分解产生热能，供机体代谢之用。

（4）更新和修补机体组织　蛋白质的营养作用是碳水化合物、脂肪等营养物质所不能代替的。在羊体的新陈代谢过程中，蛋白质起着更新和修补组织的主要原料的作用。肉羊缺乏蛋白质饲料时，会出现消化功能减退、体重减轻、生长发育受阻、抗病力下降，严重缺乏时可导致肉羊死亡。日粮中蛋白质水平过低,还会影响羊对其他营养物质的吸收和利用,降低日粮的利用效率,对肉羊生产造成极为不利的影响。羊瘤胃内的微生物可以利用非蛋白氮合成羊可以利用的微生物蛋白质,但这部分蛋白质远远不能满足羊的需求量,因此蛋白质还必须通过饲料供给。

2. 肉羊对蛋白质的需要　在肉羊营养中,蛋白质的需求量较大,也是最容易缺乏的成分。羔羊育肥期日粮粗蛋白质含量应达16%~18%,成年羊育肥日粮中的粗蛋白质水平可降至12%~14%。不同生理状态羊只对蛋白质的需要见附表7和附表8。各类饲料中的粗蛋白质含量差异很大,其中饼粕类为30%~45%,豆科子实类为20%~40%,糠麸类为10%~17%,豆科干草类为9%~12%,秸秆类为3%~6%,块根类为0.5%~1%。在湖羊生产中,应根据饲料的来源、价格以及肉羊的饲养标准或要求进行选择与利用。

(二)碳水化合物

饲料中的碳水化合物主要是淀粉和纤维素类物质,它们主要经过羊的瘤胃微生物作用而被分解、吸收。

1. 碳水化合物的营养功能

(1)维持羊体生命活动　如葡萄糖不仅是大脑神经系统、肌肉、脂肪组织、胎儿生长发育、乳腺等代谢的唯一能源,而且是维持正常体温的必需物质。葡萄糖供给不足时,羊易出现妊娠毒血症或死亡。黏多糖也是保证多种生理功能实现的重要物质。

(2)形成羊体组织　碳水化合物是形成羊体组织的重要成分之一。其中五碳糖是细胞核酸的组成成分,半乳糖与类脂肪是神经组织的必需物质,许多糖类与蛋白质化合而成糖蛋白,低级核酸与氨基化合形成氨基酸。

(3)形成羊产品　碳水化合物是形成羊产品的重要物质。如葡萄糖可以合成乳糖，并参与部分羊奶蛋白非必需氨基酸的形成。

(4)维持羊消化机能　碳水化合物是维持羊正常消化功能所必需的营养。如粗纤维除了为羊体提供能量及合成葡萄糖和乳脂的原料外，还能刺激消化道黏膜，刺激消化道蠕动，促进未消化物质的排除，保证消化道的正常机能。

2. 肉羊对碳水化合物的需要　碳水化合物来源丰富，成本低廉。一般情况下，羊不会缺乏，但病弱羊、妊娠母羊和哺乳母羊应注意补充，尤其是妊娠后期，胎儿发育快，对能量需要量大。北方地区，在寒冷季节，也要注意羊群碳水化合物的补充。怀单羔母羊的能量总需要量是维持需要量的 1.5 倍，怀双羔母羊为维持需要量的 2 倍。绵羊在产后 12 周泌乳期内，有 65%～83% 的代谢能转化为奶能，带双羔母羊的转化率更高。

(三)脂　类

脂类广泛存在于动物、植物组织中，其中以动物饲料、糠麸类和各种饼粕类饲料含量较高，成熟后的作物秸秆含量较低。

1. 脂类的营养功能

(1)用作能源　脂类作为羊能量来源的一部分，也是贮存能量的最好形式。脂类是含能量最高的营养素，所产的热能是蛋白质和碳水化合物的 2.25 倍左右。

(2)构成羊体组织细胞　脂类是组成羊体组织细胞的重要成分，如神经、肌肉、血液等均含有脂类。各种组织的细胞膜是由蛋白质和脂类按照一定比例所组成。脂类也参与细胞内某些代谢调节物质合成。糖脂类可能在细胞膜传递信息的活动中起着载体和受体作用。

(3)溶解脂溶性维生素　脂类是脂溶性维生素的溶剂。饲料中缺乏脂肪时，脂溶性维生素消化代谢发生障碍，羊可表现出维生素缺乏症。

(4)为动物提供必需脂肪酸　在羔羊在生长过程中,必须通过饲料提供的脂肪酸包括亚油酸、亚麻酸和花生油酸。羊缺乏必需脂肪酸时,会出现皮肤角质化、毛细变脆、免疫力下降、生长受阻、繁殖力下降等现象,甚至死亡。羔羊反应更敏感。

(5)构成羊产品　脂类也是构成羊产品(乳、肉等)的重要成分。

2. 肉羊对脂类的需要　羊除了长期饲喂单一饲料或劣质饲料外,一般不会缺乏脂类,因此不需要另外补充。

(四)维生素

维生素也是羊体必需的营养物质,有控制、调节代谢的功能,对维持羊的健康、生长发育和繁殖具有十分重要的作用。维生素可分为脂溶性维生素和水溶性维生素两类。

1. 脂溶性维生素

(1)脂溶性维生素的营养功能　脂溶性维生素是指不溶于水,可溶于脂肪及其他脂溶性溶剂的维生素,在消化道随脂肪一同被吸收。

①维生素 A(视黄醇)。维生素 A 只存在于动物体中。植物不含维生素 A,而只含有维生素 A 原-胡萝卜素。1 分子 β-胡萝卜素在动物肠壁中,经酶的作用生成 2 分子维生素 A。羊将 β-胡萝卜素转为维生素 A 的能力只有 30%。维生素 A 与动物的视觉、繁殖、骨骼生长发育以及免疫等均有关。羊长期过量或突然摄入过量的维生素 A 均可引起中毒,其中毒量一般为需要量的 30 倍。

②维生素 D。维生素 D 有多种存在形式,与羊健康关系较密切的是存在于植物中的维生素 D_2 和 D_3(麦角固醇 D_2 和胆钙化醇 D_3)。其基本功能是促进肠道钙、磷吸收,提高血液钙、磷水平,促进骨骼正常钙化,同时影响动物的免疫功能。日粮维生素 D 可提高血清中的维生素 A 含量。

维生素 D 是一种固醇类衍生物，共有 6～8 种之多，其中与动物健康关系较密切的是维生素 D_2（麦角骨化醇）和维生素 D_3（胆骨化醇）。维生素 D 在豆科植物中含量较多，在其他植物性饲料中含量极少。但植物的中麦角固醇在紫外线照射下，其中一部分可转变为麦角骨化醇（维生素 D_3）；动物皮肤颗粒层中的 7-脱氢胆固醇在紫外线照射下，也可转变为胆骨化醇（维生素 D_3），贮存于动物肝脏。但光照不足或消化吸收障碍可导致绵羊、山羊钙、磷吸收和代谢障碍，发生以骨骼发育受阻（如软骨症和骨骼变形）为特征的维生素 D 缺乏症。

③维生素 E（α-生育酚）。维生素 E 广泛分布于饲料中，其中在青绿饲料（如苜蓿）和种子的胚芽中最丰富，通常情况下，对动物无毒。维生素 E 不仅是一种抗氧化剂和免疫增强剂，而且对维持动物正常繁殖性能和提高肉质有重要作用。

④维生素 K（甲萘醌）。维生素 K 是维持动物血液凝固系统功能不可缺少的物质，广泛存在于各类饲料中。

(2)肉羊对脂溶性维生素的需要　肉用绵羊对脂溶性维生素的需要量见附表 9。

一般来说，饲料越绿，胡萝卜素和维生素 E 含量越高。鲜嫩牧草的胡萝卜素含量远远高于干黄牧草和作物秸秆。因此，羊日粮中应注意供给足够的青绿饲料、多汁饲料和青干草，以满足维生素 A 和维生素 E。常年放牧羊群一般不会缺乏维生素 D，不需要额外补充。但遇长时间阴雨天气或长期舍饲，羊群也可能出现维生素 D 缺乏症。此时可通过饲喂经过太阳晒制的青干草（如豆科牧草）和延长羊群舍外活动时间予以解决。羊瘤胃可以合成足够的维生素 K，故一般不会缺乏，但某些异常原因有可能影响维生素 E 的摄取或降低其生物效能，Rice 等（1989）认为，在春季嫩草中含有导致腹泻的因子，它降低了维生素 E 的吸收。由于该因子与血液尿素呈正相关，而尿素为日粮蛋白质分解产物，该化合物很可能是一种天然蛋白质。另外，真菌毒素也可降低日粮维生素 E 的吸收。

在羊日粮中添加维生素 A 的同时，一般应添加维生素 D，以提高机体代谢水平，加强钙、磷的吸收。但如果维生素 D 添加过量，就会引起中毒。羊连续饲喂超过需要量 4～10 倍 60 天以上就可出现软骨生长受阻、食欲和体重下降、血钙升高、血液磷酸盐降低等症状。维生素 D_3 的毒性比维生素 D_2 大 10～20 倍。

2. 水溶性维生素

(1)水溶性维生素的营养功能　水溶性维生素包括整个 B 族维生素和维生素 C(抗坏血酸)。B 族维生素主要作为辅酶，催化碳水化合物、脂肪和蛋白质代谢中的各种反应。长期缺乏可引起代谢紊乱和体内酶活力降低。维生素 C 广泛参与动物体内多种生化反应。

(2)肉羊对水溶性维生素的需要　除瘤胃功能不健全的羔羊外，羊瘤胃微生物可以合成足够的 B 族维生素，无须另补。但对于维生素 B_{12}，必须在饲料中供应足够的钴，保证细菌合成足够的维生素 B_{12}。在大量使用抗生素时，某些水溶性维生素的利用会受到影响，应在饲料中适当补充。一般情况下，羊可合成足够的维生素 C，但在妊娠、泌乳和甲状腺机能亢进的情况下，维生素 C 吸收量减少、排泄量增加。在高温、寒冷、运输等应激条件下以及日粮能量、蛋白质、维生素 E、硒和铁等不足时，羊对维生素 C 的需要量增加，需要补充。

(五)矿物元素

矿物元素是动物营养中的一大类无机营养素。自然界存在的矿物元素有 60 多种，羊所必需的有 27 种。矿物元素在羊体内的含量虽然很低，但具有参与体内各种生命活动，如构成羊体组织器官、调节体内渗透压和酸碱平衡、维持细胞膜渗透性及神经肌肉的兴奋性等，是保证羊生长、发育、繁殖、育种、泌乳和健康不可缺少的营养物质。羊体内缺乏矿物元素，会引起神经系统、肌肉系统、肌肉运动、食物消化、营养输送、血液凝固和体内酸碱平衡等功能紊乱，影响羊体健康、生长发育、繁殖和羊产品产量，乃至死亡。因此，必须注意补充。矿物元素又分为常量元素和微量元素。常量元素是指在动物体内的含量大于体重 0.01%的元素；微量元素是指在动物体内的含量小于体重 0.01%的元素。羊日粮中通常需要考虑添加的矿物质有：钙、磷、钠、钾、氯、铁、铜、钴、碘、锰、锌、硒等。

1. 常量元素 羊需要的常量元素主要有钙、磷、钠、钾、氯、镁、硫等 7 种。

(1)常量元素的营养功能

①钙和磷。钙和磷是动物体内含量最多的矿物元素，也是配合饲料中添加量最大的营养物质。正常的钙、磷比例为 2∶1 左右。

钙作为动物体结构组成物质参与骨骼和牙齿的组成，通过调节神经传递物质释放，调节神经兴奋性；通过神经体液调节，改变细胞膜通透性，使钙离子进入细胞内触发肌肉收缩。同时，激活多种酶的活性，促进胰岛素、儿茶酚胺、肾上腺皮质固醇，甚至唾液等的分泌。钙还具有自身营养调节功能，在外源钙不足时，沉积钙(特别是骨钙)可大量分解，供代谢循环需要。

磷除了与钙一起参与骨骼和牙齿结构组成以保证其结构完整性外，主要参与体内能量代谢，促进营养物质的吸收，保证生物膜的完整，并作为重要生命物质 DNA、RNA 和一些酶的结构成分，参与许多生命活动过程。

②钠、钾、氯。动物体内的这 3 种元素主要分布在体液和软组织中，起着维持渗透压、调节酸碱平衡、控制水代谢等作用。钠对传导神经冲动和营养物质吸收起重要作用；钾离子影响神经肌肉的兴奋性，细胞内钾参与糖和蛋白质的代谢。

③镁。镁不仅是骨骼、牙齿及许多酶(如磷酸酶、氧化酶、激酶、肽酶和精氨酸酶)的组成成分,而且参与DNA、RNA和蛋白质的合成,调节神经肌肉兴奋性,保证神经肌肉的正常功能。

④硫。羊体内约含有0.15%的硫,少量以硫酸盐的形式存在于血液中,大部分以有机硫的形式存在于肌肉组织、骨骼和牙齿中,羊毛的含硫量高达4%左右。硫的作用主要是通过体内含硫有机物实现。含硫氨基酸合成体蛋白、被毛以及许多激素,还可合成软骨素基质、牛黄素等。硫是辅酶A、硫胺素、黏多糖的成分,参与胶原和结缔组织的代谢。

(2)肉羊对常量元素的需要

①钙和磷。多数牧草和饲料都含有适量的钙,一般都能满足羊的需要。玉米含钙量较低,长期饲喂以单一玉米颗粒为精料和劣质秸秆的羊,必须补充一定量的钙。成熟的饲料作物和牧草一般都缺磷,长期饲喂这些饲料应注意补充磷盐。羊对钙、磷的利用必须有维生素D和镁的参与。生长速度较快的羔羊、早期断奶羔羊、妊娠和哺乳期母羊、繁殖季节的公羊饲料应适当提高饲料钙、磷浓度。

羊日粮钙、磷比例应为1.5～2∶1,但在母羊妊娠后期及哺乳期,钙的消耗量更大,钙、磷比例可调整为2.25∶1。

在放牧条件下,羊很少发生钙、磷缺乏症。但在舍饲条件下,由于饲料原料的限制,日粮钙缺乏或钙、磷比例不当导致羊缺钙现象时有发生。另外,圈舍潮湿、消化道疾病、营养不佳等都可成诱发钙缺乏。妊娠母羊缺钙会出现骨质疏松、产后瘫痪和子宫脱出等。羔羊缺钙多发生在冬末春初季节,由于饲料中维生素D含量不足及羊舍采光不好,以致羔羊体内维生素D缺乏,表现为生长迟缓、异食、喜卧、呆滞、跛行;严重缺钙羔羊后躯抬不起,呼吸、心跳加快;久病羔羊四肢肿大,腿弯曲,发展为佝偻病。

以往人们普遍认为羊不会发生磷缺乏症,因为羊的骨头所占体重的百分比不如牛那么大，而在采食方面比牛的选择性强，因此可以摄入足够的磷。但在舍饲条件下，长期饲喂单一饲料或秸秆类缺磷饲料就会出现缺磷现象；而且磷的来源、钙的含量、钙与磷的比例、小肠 pH 值以及与磷有拮抗作用的其他矿物元素（铜、铁、锌、锰、铝、硒等）含量等都会影响磷的吸收，其中以钙、磷比值对磷的吸收影响最大。饲料中钙过多影响磷的吸收，磷过多也影响钙的吸收。磷酸盐在碱性、中性溶液中溶解度很低，难以吸收；而在酸性溶液中溶解度大大增加，易于吸收。因此，当肠道 pH 值降低时，有利于磷的吸收。此外，维生素 D 对血液和体内钙、磷平衡机制起着重要作用，对磷的吸收也有一定促进作用。

羊缺磷的症状同缺钙类似。由于磷缺乏导致钙、磷比例失调，羔羊易发生佝偻病，成年羊出现软骨症，繁殖母羊出现产后瘫痪。缺磷也可造成羊群生产性能和动物繁殖性能下降，发生异食癖。缺磷时，羊对传染病的抵抗力、采食量以及体内胡萝卜素转化为维生素 A 的能力大大下降。

②钠、钾、氯。羊对食盐的日需要量为 5～10 克，但各种饲料都较缺乏钠，其次是氯，钾一般不缺。但缺乏其中任何一种元素，羊都会表现食欲差，生长缓慢或体重下降，皮肤粗糙，繁殖机能下降，饲料利用率低等现象。因此，必须予以补充。

一般来说，植物饲料富含钾元素，苜蓿干草含钾 2%～4.5%，玉米青贮含钾 1.1%～1.6%（按干物质计），一般谷类含钾 1%～2%，豆类含钾可达到 6%～8%，而羊日粮中钾需要量为 1%～1.5%。因此，能正常进食的羊只均不会缺钾，不需要额外补充。但育肥羊日粮中精饲料或非蛋白氮比例过高或大量使用玉米青贮等饲料可导致缺钾症。

③镁。羊对镁的需要量约为日粮的 0.2%。幼嫩多汁牧草的镁含量较低，长期在牧草生长茂盛的草场上放牧的羊群容易出现青草抽搐症，也叫低血镁强直症。病羊通常表现为行动蹒跚，过度

兴奋，肌肉搐搦，磨牙。如果不治疗，就会迅速倒地，痉挛，口吐白沫，昏迷而死亡。

④硫。美国科学院全国研究理事会建议：成年绵羊日粮干物质中硫含量为 0.14%～0.18%，生长绵羊为 0.18%～0.26%，氮、硫比最低为 10∶1。王娜（1999 年）对内蒙古白绒山羊研究发现：在山羊绒生长旺盛期，日粮适宜的硫水平为 0.23%，氮、硫比为 7.1∶1；在生长缓慢期，其适宜硫水平为 0.21%，氮、硫比为 7.8∶1。

一般情况下，羊不会发生硫缺乏症。但在下列情况下会出现：

第一，采食大量含鞣酸（单宁）的植物（如树叶和灌木枝叶）。羊只摄入的过多的单宁可与蛋白质形成难以降解的复合物。而植物中的硫多以含硫氨基酸的形式存在于蛋白质中，因此饲料植物中的鞣酸可限制硫的利用。绵羊对单宁的耐受性更差。

第二，用非蛋白氮（如尿素）代替蛋白质饲料喂羊，若饲料中氮、硫比例大于 10∶1，羊就容易出现硫缺乏症，采食量和利用纤维素的能力下降，羊毛生长缓慢。

第三，日粮硫元素供给不足。一般来说，饼粕类、谷实和糠麸中含硫量较丰富，为 0.15%～0.4%，但青玉米和块根块茎类饲料含硫较少，为 0.05%～0.1%。因此，以玉米及其秸秆为主要日粮的舍饲羊只容易出现硫缺乏。

第四，瘤胃氨氮浓度太低。如果羊只采食了大量的低氮饲料，也未补充非蛋白氮，瘤胃就不能给微生物同步供应硫化物和氮元素，从而影响微生物合成菌体蛋白。

羊出现硫中毒的现象很少见，但如果用无机硫作添加剂，用量超过 0.3%～0.5%时，可引起厌食、便秘、腹泻、失重、抑郁等症状，严重时可导致死亡。

2. 微量元素　目前查明，动物体内含有 20 种微量元素，羊易缺乏的微量元素有铁、铜、锌、钴、锰、碘、硒、铜等 10 种。

(1)微量元素的营养功能

①铁。铁广泛存在于动物、植物体内,糠麸类和饼粕类中均富含铁。铁主要用于合成血红蛋白、肌红蛋白和呼吸酶类。参与体内物质代谢并具有抗感染作用。

②铜。铜的主要营养功能体现在3个方面:一是作为金属酶组成成分直接参与体内代谢。二是维持铁的正常代谢,有利于血红蛋白合成和红细胞成熟。三是参与骨骼形成。铜是骨细胞、胶原和弹性蛋白形成不可缺少的元素。

③锌。锌是动物体内200多种酶的成分,在不同的酶中,锌起着催化分解、合成和稳定酶蛋白四级结构和调节酶活性等多种生化作用。同时,参与维持上皮细胞和皮毛的正常形态、生长和健康,维持激素的正常作用,维持生物膜的正常结构和功能。

④钴。钴在动物、植物体内含量很少,世界上很多地方动物尤其是反刍动物因缺钴而出现地方性恶性贫血、异嗜、拒食、生长不良、消瘦等病症。这是因为钴参与维生素B_{12}的合成,直接参与造血过程,并激活多种酶。钴同蛋白质及碳水化合物代谢有关,而且还可用于合成瘤胃微生物的其他生长因子,增强瘤胃微生物分解纤维素的活性。

但当牧草中缺乏钴时,则维生素B_{12}合成不足,直接影响瘤胃微生物的生长繁殖,从而影响纤维素的消化。

⑤锰。锰是参与碳水化合物、脂肪、蛋白质和胆固醇代谢的一些酶类的组成成分,也是多种酶的非专一激活剂,是精氨酸酶的专一激活物。骨骼中的锰参与形成硫酸黏多糖软骨素,是骨骼中软骨的必需成分,可预防骨短粗症,使其形成正常骨骼。锰与羊生长、繁殖有关,参与铜的造血功能。锰还是维持大脑正常代谢功能必不可少的物质。

⑥碘。碘在动物体内的主要生理功能是通过合成甲状腺素来完成的。甲状腺素几乎参与体内所有的物质代谢过程。维持体内

热平衡，对羊的繁殖、生长、发育、红细胞生成和血液循环等起调控作用。影响毛发、皮肤的完整性和生长。

⑦硒。硒在动物体内参与谷胱甘肽过氧化物酶组成，可保护细胞膜结构完整和功能正常，对胰腺组成和功能有重要影响，并具有促进脂类及其脂溶性物质在肠道消化吸收的作用。

(2)肉羊对微量元素的需要　肉羊对微量元素的需要量见附表10。

①铁。放牧绵羊、山羊一般不会缺铁，但在失血、感染寄生虫或患有某种疾病而造成铁代谢失调等情况下，可发生缺铁性贫血。羔羊会因初生时体内铁贮存量少、奶中铁含量低而出现缺铁症状。缺铁羔羊表现为：皮肤和黏膜苍白，食欲减退，生长缓慢，体重下降，舌乳头萎缩，呼吸频率增加，抗病力弱，血红蛋白明显低于正常值，严重时死亡。铁过量，也会引起中毒，表现瘤胃迟缓、腹泻及肾功能障碍，甚至死亡。

②铜。子实类饲料中铜含量较少，饼粕类含量较多。绵羊缺铜主要是由于土壤和饲料缺铜。一般来说，沼泽地、沙地、缺乏钴元素的沿海地区都可能缺铜。饲养在缺铜地区的羊只，如果不注意补充，就可能出现铜缺乏症状；另一方面，饲料中钼、锌、镉、铁、铅、硫酸盐和植酸盐含量过高，都会影响铜的吸收，造成机体铜缺乏。

绵羊缺铜的主要症状是贫血、腹泻、运动失调和被毛褪色。缺铜对1～2月龄的羔羊危害最严重，刚出生的羔羊也可发病、死亡。羔羊缺铜主要表现为运动障碍，即人们所说的摆腰病、摇摆病。早期症状为两后肢呈“八”字形站立，驱赶时后肢运动失调，后躯摇摆，呼吸和心率随运动而显著增加。严重时出现转圈运动，或呈犬坐姿势，后肢麻痹，卧地不起，最后死于营养不良。缺铜羊只被毛稀疏，粗糙，缺乏光泽，弹性差，弯曲变浅或消失，黑毛颜色变浅。缺铜母羊出现发情表现不明显、不孕或流产等症状。

羊饲料中铜低于 3 毫克/千克即可引起发病,3～5 毫克/千克为临界值,10 毫克/千克以上能满足需要。羊摄入过量铜也发生中毒,绵羊对铜特别敏感,当日粮铜超过 25 毫克/千克时,即出现贫血、生长受阻、肌肉营养不良和繁殖性能下降等现象。肝内铜聚积到暴发点时,出现黄疸症,以至肝坏死和肾功能障碍。严重时,出现溶血,组织坏死,死亡。

③锌。羊对锌的正常需要量为 40～65 毫克/千克干物质。当饲料干物质含锌量低于 24 毫克/千克时,羊就会出现缺锌症状。

导致绵羊缺锌的主要因素:一是日粮锌含量不足、吸收率低。动物体对植物饲料中锌的吸收率只有 10%～20%或更低。如果饲喂低锌日粮,羊就很容易缺锌。二是锌与许多矿物质元素有拮抗作用。高钙日粮会造成锌缺乏,日粮中纤维素、植酸、钙、铁、铜、汞、铅等都可抑制锌的吸收。三是肠道吸收不良。羊患消化道疾病会影响锌的吸收。四是锌的需要量增加。动物在迅速生长期、妊娠期、哺乳期需要较多的锌,但未能及时补充。

缺锌羊只的表现为:生长缓慢,皮肤粗糙,被毛生长受阻,创伤愈合缓慢,免疫力低下;食欲差,饲料利用率下降,消瘦,消化不良,味觉和嗅觉迟钝或异常,甚至出现异食癖。羔羊易发生骨骼异常、关节僵硬、眼睛和蹄上部出现皮肤不完全角质化等症状。母羊发情周期紊乱,卵巢萎缩,发情期延长或不发情,受胎率降低,胚胎发育不良,易发生早产、流产、难产、死胎或畸形胎增多。公羊表现为睾丸萎缩。

羊对锌有较强的耐受力,很少出现中毒现象。

④钴。土壤钴含量低于 3 毫克/千克、牧草中钴含量低于 0.07 毫克/千克时,就可能引起羊的缺钴症。一般来说,风沙堆积性草场、沙质土,碎石或花岗岩风化土壤、灰化土以及火山灰烬覆盖的地方都严重缺乏钴。不同植物或同一植物的不同部位钴含量差异很大。豆科植物中钴含量较高,棉籽饼中钴含量可达 2～2.1

毫克/千克，普通牧草中钴含量仅 0.03～0.2 毫克/千克。同一植株中，叶片含钴量占 56%，种子中仅占 24%，茎、秆、根中占 18%。因此，在缺钴地区，用作物秸秆喂羊更容易出现钴缺乏症。另外，土壤中的钙、铁、锰等元素含量过高影响土壤内钴的利用率，pH 值过高也会影响钴的利用率。

羊群缺钴主要表现为：渐进性的消瘦和虚弱，流泪，羊毛生长受阻。在食欲减退的同时，还发生腹泻，出现食欲异常，如喜欢吃被粪尿污染的褥草，啃舔泥土、饲槽及墙壁等。最后发生贫血症，结膜及口、鼻黏膜发白。羔羊比成年羊更敏感。但如果将病羊转移到钴正常地区，会很快痊愈，若返回发病地区，又会重新发病。

羊对钴的耐受力比较强，但当日粮钴超过需要量的 300 倍时出现中毒反应，其症状与缺钴相似。

⑤锰。生长期羔羊对锰的需要量为 1.2～2.2 毫克/千克体重。

在下列情况下会出现锰缺乏：

第一，土壤缺锰或组成成分不利于锰吸收。石灰岩风化的土壤中锰含量较少，碱性土壤可降低植物对土壤中锰的吸收利用，土壤中有机质过多，可与锰形成不溶性复合物，影响植物吸收和利用。另外，土壤中的铁、钴都可影响植物对锰的吸收。土壤中锰低于 3 毫克/千克，羊群就可能出现锰缺乏症。

第二，饲料组成不合理。不同植物中锰含量相差很大，白羽扇豆是富锰植物，其中锰含量可达 817～3 397 毫克/千克。大多数植物在 100～800 毫克/千克之间，如小麦、燕麦、麸皮、米糠中的锰均等能满足动物生长需要。但是玉米、面粉和豆荚中锰含量很低，分别为 8 毫克/千克、5 毫克/千克和 16 毫克/千克。因此，以玉米、豆饼为主要日粮的羊容易出现锰缺乏症。

第三，日粮中高铁、钙和磷可降低锰的吸收。

第四，羊饲料中胆碱、烟酸、生物素及维生素 B_2、维生素 B_{12}、维生素 D 等不足,机体对锰的需要量增加。

缺锰羊只表现为:采食量下降,生长减慢,饲料利用率降低,腿变形,站立和行走困难,关节疼痛和不能保持平衡,共济失调。繁殖功能也可能出现异常,母羊表现为不孕。

⑥碘。植物性饲料中碘含量很低,因此,在山地放牧的羊,单靠牧草很难满足碘的需要量,往往出现缺碘症状,甲状腺肿大,生长发育停滞,皮肤、被毛及性腺发育不良,繁殖力下降。羊采食过多含有碘拮抗物的饲料,如菜籽饼、棉籽饼、芝麻饼、豌豆及白三叶草等(含有较多的甲状腺肿原性物质甲硫咪唑、甲硫脲),就容易缺碘。当羊日粮中锰、铅、钙、氟、硼含量过高时,也影响碘的吸收利用而导致碘缺乏。

羊严重缺碘时,可在颈静脉沟腹侧,颈上 1/3 与颈中 1/3 交界处,有时可明显看到或用手触摸到呈卵圆形、可移动、下部与深部肌肉相连的甲状腺肿块。新生羊羔表现虚弱,被毛稀少,过多地掉毛,全身常有水肿。繁殖母羊常出现难孕、流产或死胎、胎衣不下等现象。公羊性欲降低,精液品质下降。

羊很少出现碘中毒现象,因为饲料中含碘量过高时,适口性下降,羊的采食量下降,自然可以避免中毒。

⑦硒。我国缺硒地域面积约占总土地面积的 2/3,其中西北的黄土高原水土流失较严重地区、黑龙江的克山县、四川的凉山地区成为严重缺硒区。羊缺硒主要表现为白肌病,还可引发骨骼肌和心脏变性,出现生长缓慢、消瘦、繁殖性能下降等症状。日粮中含有 0.1 微克硒即可满足羔羊需要。但硒毒性较强,羊长期摄入过量的硒可导致急性或慢性中毒。主要表现为脱毛、疼痛、蹄壳脱落、繁殖力显著下降等。

(六)水

水是组成体液的主要成分,是羊饲料消化吸收、营养物质代谢、体内废物排泄及体温调节等生理活动所必需的物质，是羊的生命活动所不可缺少的营养物质。水分一般占体重的60%～70%。羊缺水比缺草还难忍受和难以维持生命。当体内水分损失5%时，羊就有严重的渴感，食欲下降或废绝；当体内水分损失10%时，就会出现代谢紊乱，生理过程遭到破坏；当水分损失达20%时，可导致羊死亡。2～3天不饮水，羊就拒绝采食。长期缺水，可使羊唾液减少，瘤胃发酵困难，食欲下降，胃肠蠕动减慢，消化紊乱，血液浓缩，体温调节功能失调，尿浓度增高而发生尿中毒。另外，在缺水情况下，羊体内脂肪过度分解，会诱发毒血症，导致肾炎。

羊采食1千克干饲料一般需饮水3～5升，而且喜清洁饮水，常常拒饮被污染水。这种行为也被看做是羊的自我保护行为，但在极度干渴条件下，也会被迫饮用非清洁水。其结果可能感染寄生虫病、传染病或消化道疾病。因此，应给羊供应充足的饮水，任其自由饮用，同时还要注意水的卫生和质量，最好为深井水或流动而清洁的河水。一般情况下，人的安全饮水对羊也是安全的。饮水中的固体物（各种可溶解盐类）含量为150毫克/升时较为理想。低于5 000毫克/升对羔羊无害，超过7 000毫克/升可导致腹泻，高于10 000毫克/升时不能饮用。但从无盐水突然转为微盐咸水时，有些羊可能出现暂时性轻度腹泻，因此需要有一个逐渐适应的过程。

三、湖羊的常用饲料

饲料是指能提供饲养动物所需养分，保证健康，促进生产和生长，且在合理使用下不发生有害作用的可饲物质。根据来源不同，饲料可分为植物性饲料、动物性饲料、矿物质饲料等。根据国际饲料的命名和分类的原则，按饲料特性可分为粗饲料、青绿饲料、青贮饲料、能量饲料、蛋白质饲料、矿物质饲料、维生素饲料和添加剂饲料 8 大类。

(一)粗饲料

粗饲料是指干物质中粗纤维含量在 18%以上的一类饲料。粗饲料含有丰富的粗纤维，对促进肠胃蠕动和增强消化力有重要作用，也是肉羊冬、春季节的主要饲料。常用粗饲料有干草、纤维性农副产品(如秸秆、秕壳类等)和树叶类，以干草和秸秆用量较大。

1. 干草 干草是由青绿牧草在抽穗期或花期刈割后干燥而制成的。成功调制的干草，应保留一定的青绿颜色，故亦称青干草。按植物种类划分，青干草可分为豆科青干草和禾本科青干草。

(1)豆科青干草 豆科青干草的粗蛋白质含量为 12%～18%，并且含有丰富的钙、磷、脂肪、胡萝卜素、维生素 K、维生素 E 和 B 族维生素等，可以代替部分精料或补充精料的蛋白质不足，如苜蓿、沙打旺、草木樨、红豆草、毛苕子、岩黄芪等，其中苜蓿在豆科青干草中的营养价值较高，粗蛋白质、矿物质含量丰富，阴干的苜蓿干草中核黄素含量每千克达 16 毫克左右。

(2)禾本科干草 禾本科青干草来源广、数量大、适口性好、易干燥、不落叶，如大麦、燕麦、黑麦等谷类作物和马唐、野燕麦等野草类。禾本科青干草粗纤维多，粗蛋白质(8%～12%)和维生素含量均低于豆科青干草。因此，喂羊时最好与豆科青干草搭配使用或适当增加精料喂量。

2. 农作物秸秆 农作物秸秆是指成熟农作物茎叶(穗)部分的总称。即各种农作物产品收集后剩下来的茎叶或藤蔓。

(1)农作物秸秆的饲用价值 大多数秸秆的饲用价值较低。由于秸秆的蛋白质含量低，粗纤维含量高，而且质地粗硬，木质化程度高，所以可消化率低。秸秆中的矿物质含量均低，最突出的是磷不足，其含量仅为0.025%～0.16%。秸秆还缺乏反刍动物所必需的维生素A、维生素D、维生素E等。另一方面，由于作物秸秆主要是由植物细胞壁组成，细胞壁的基本成分是纤维素、半纤维素及木质素，有些作物秸秆中硅的含量很高。因此，秸秆大部分成分不能被家畜直接利用，即使直接利用部分，其转化效率也很低。从理论上讲，秸秆的纤维素和半纤维素，连同细胞内容物都可以通过瘤胃微生物作用被羊消化利用，这部分约占作物秸秆干物质中80%以上，但实际上羊对这类秸秆的消化率一般只有40%左右，由于细胞壁中纤维素、半纤维素与木质素、硅等以“复合体”的形式存在。秸秆粗纤维中的木质素含量高达45%～80%，羊体内不能合成可分解木质素的酶，自然不能消化利用木质素。硅主要以二氧化硅形式存在于秸秆饲料中，影响饲料的水解和消化。大豆秸的酸性不溶木质素含量比玉米秸秆高66.74%，干物质有效降解率仅为17.98%，比玉米秸秆低43.26%。相对而言，玉米秸的营养价值高于小麦秸，燕麦秸和大麦秸的饲养价值介于玉米秸与小麦秸之间，稻草与小麦秸的饲用价值接近。大豆秸和收籽后的苜蓿秸木质素含量高，营养价值很低。小麦秸、稻壳、高粱秸等木质素和硅含量较高，其消化利用率更低。

有些作物秸秆含有某些有害成分，不能用作羊饲料。如棉花秸秆中粗蛋白质含量达到6.5%，高于其他农作物秸秆，但却含有0.03%游离棉酚，棉酚是一种有毒成分，对动物健康有害，虽然羊瘤胃微生物可以降解棉酚，使其毒性降低，但长期或大量饲喂对羊的健康有一定危害。油菜秸秆的粗脂肪和粗蛋白质含量也高于小麦秸和玉米秸，但由于油菜秸秆的蜡质、硅酸盐和木质素含量较高，羊消化率很低，而且具有异味和有毒物质，也不宜直接用作羊饲料。在各类作物秸秆中，花生蔓的细胞壁较薄，蛋白质和糖分含量高，其中粗蛋白质含量达11.2%，干物质瘤胃降解率达77.2%，分别是麦秸的2.5倍和1.5倍。花生叶的粗蛋白质含量高达20%。

羊采食1千克花生蔓产生的能量相当于0.6千克大麦的能量。因此，花生蔓不仅是最好的作物秸秆，也是优质粗饲料资源之一。其次是红薯蔓、绿豆荚、黄豆荚等。向日葵盘中含粗蛋白质7%～9%、粗脂肪6.5%～10.5%、粗纤维17.9%、以淀粉为主的无氮浸出物18.9%，而且富含钾、钙、钠、镁等元素，其中钾45.1毫克/克、钙24.07毫克/克、钠8.51毫克/克、镁8.58毫克/克，同时还含有铁、锌、铜、锰、铬等微量元素。因此，也是较好的肉羊饲料。

(2)农作物秸秆的选择　秸秆虽有许多不足之处，但资源丰富，价格低廉，仍是羊的主要饲料原料。选择农作物秸秆时，第一，考虑其营养价值和可消化率；第二，选择多叶片秸秆。作物叶片的营养价值和可消化率通常高于茎秆，如玉米茎秆干物质的消化率为53.8%，叶片为56.7%，芯为55.8%，苞叶为66.5%，全株为56.6%；第三，选择子实中含氮量高的作物秸秆。一般情况下，子实中氮含量高，其秸秆中氮素和蛋白质含量也高，如豆类植物；第四，选择叶片枯萎迟的作物品种。这类作物秸秆中碳水化合物含量较高，如红薯蔓；第五，选择适口性较好的秸秆，花生蔓、红薯蔓和各种豆荚都是适口性较好的羊饲料。

(3)农作物秸秆的有效利用　通常情况下，仅靠单一的饲用价值较低的作物秸秆养羊，既不能保证羊的正常生存，更谈不上生产性能的正常发挥和生产水平的提高。秸秆应当有选择地利用，并经过切短、粉碎、揉搓、拉丝或青贮等措施等加工处理后与其他饲料配合利用。

(4)羊饲喂秸秆应注意的问题

①不宜饲喂陈旧秸秆。任何一种饲料，贮存时间越长，营养流失越严重。秸秆贮存时间太长或者贮存不当，就会变得毫无价值。

②禁止饲喂霉变秸秆。秸秆霉变同样会危害羊的健康，导致腹泻、流产和死亡。

3. 树叶类　树叶被看做是空中绿色饲料工厂生产的产品。

许多树叶都可饲用，而且营养丰富，有些经加工调制后，成为家畜较好的蛋白质和维生素饲料源。可用作饲料的树叶有槐树叶、桑树叶、香椿叶和松针等。

不同季节采集的树叶的营养成分差异很大。桑树叶春、夏、秋季皆可采集。紫穗槐和洋槐叶，北方地区一般在7月底至8月初采集，最迟不要超过9月上旬。松针要在松脂含量较低的春季或秋季采集。对一般树种来说，春季采集的嫩鲜叶的适口性好，营养价值高，夏季的青叶次之，秋季的落叶最差。以槐树叶为例，春季的粗蛋白质含量为27.7%，而秋季的只有19.3%。

一般来说，树叶的单宁含量较高。绵羊对单宁的耐受性较差，不宜大量采食富含单宁的树叶。绵羊日粮中树叶的含量以不超过20%为宜。

(二)青绿饲料

青绿饲料是指天然水分含量大于45%的羊可食用的新鲜牧草、野菜、鲜嫩藤蔓枝叶和未成熟的各种绿色植物。大部分青绿饲料的适口性好，营养相对平衡。干物质中粗蛋白质含量可达10%～20%，而且含有各种酶、激素和有机酸，能促进动物消化液分泌，增进食欲。青绿饲料中的蛋白质营养价值较高，其中各种必需氨基酸，特别是赖氨酸、蛋氨酸和色氨酸的含量较多。此外，青绿饲料含有丰富的铁、锰、锌、铜等微量矿物元素。除维生素D外，其他维生素的含量均很丰富。但青饲料体积大，水分含量高，一般以抽穗或开花前的青绿饲料营养价值较高。此时羊对青饲料有机物的消化率可达75%～85%，但在开花或抽穗之后，随着木质素含量的增加，消化率迅速下降。

对羔羊、繁殖母羊和公羊来说，青绿饲料都是较好的饲料。尤其是哺乳母羊，饲喂青绿饲料可以提高产奶量。

1. 天然牧草和人工牧草　这类饲料水分含量较高(一般为

60%～80%)，适口性好，消化率高，营养较全面。以干物质计，粗蛋白质含量一般为 10%～20%，必需氨基酸较全面，因此蛋白质品质较好。维生素含量较丰富，每千克青绿饲料中含胡萝卜素 50～80 毫克，高于其他任何饲料；而且钙、磷比例合适，易被吸收利用。可青割喂羊，但不能堆积发热，以免亚硝酸盐中毒。

2. 多汁饲料 主要包括块根、块茎及瓜类等饲料，如红薯、胡萝卜、马铃薯和南瓜等。这类饲料粗蛋白质含量一般只有 1%～2%。含水量达 75%～95%，干物质中富含淀粉和糖，有利于乳糖和乳脂形成；纤维素含量一般不超过 10%，而且不含木质素；矿物质含量差异较大，通常缺少钙、磷、钠，而钾的含量较丰富；维生素含量的差异也较大，胡萝卜含有丰富的维生素，尤其是胡萝卜素含量最多。甜菜仅含有维生素 C，缺乏维生素 D。红薯味甜，适口性好，易消化，可生喂，也可熟喂，但缺乏维生素，生喂易出现腹泻，不可过量，同时要禁用黑斑病红薯喂羊，以防中毒。

3. 水生植物 这类饲料有水浮莲、小葫芦和水花生等，通常含水量高达 90%～95%。因此，不能直接喂羊，可与干草混合或制作青贮饲料后再喂。

(三)青贮饲料

青贮饲料是将新鲜青绿饲料经过密封、发酵后制成的饲料。

青贮饲料具有以下优点：一是具有酸香味，柔软多汁，能刺激食欲、消化液分泌和胃肠蠕动，增强消化功能，促进精饲料和粗饲料中营养物质的利用，提高秸秆的消化率和适口性。二是在密封条件下长期保存，代替青绿饲料全年饲喂或在冬春枯草季节饲喂。三是青贮饲料如果保存好，就不受风吹日晒和雨淋的影响，不怕火灾，是一种经济、安全贮存秸秆的方法。四是秸秆青贮后，所含病菌、虫卵和杂草种子失去活力。因此，可减少生物对环境的危害。五是能降低牧草中有毒物质含量。很多牧草所含的生物碱都会对羊的健康造成危害，而牧草在青贮过程中产生大量的有机酸与这些生物碱发生反应，降低其毒性。有机酸可与沙打旺所含的3-硝基丙酸起酯化作用，也可使苜蓿中所含的皂苷分解成寡糖和甾体化合物或三萜类，降低皂苷的含量，从而达到降低这类牧草毒性的效果。但豆科牧草糖分含量较低，不宜单独青贮，应与玉米秸秆混合青贮。

(四)能量饲料

凡每千克饲料的干物质中含消化能10.46兆焦以上者，或蛋白质含量低于20%和粗纤维含量低于18%的饲料均属能量饲料。主要包括谷实类饲料和糠麸类饲料。能量饲料具有容易消化吸收、适口性好、粗纤维含量少、能量高、蛋白质中等、易保存等特点，是肉羊热能的主要来源之一。能量饲料在肉羊日粮的精饲料中占60%～80%，在夏季比例略低一些，在冬季比例略高一些。

1. 谷实类饲料

(1)玉米　玉米是禾本科谷物饲料中淀粉含量最高的饲料，70%为无氮浸出物，几乎全是淀粉，粗纤维含量极少，饲喂肉羊容易被消化，其有机物消化率达90%。玉米还因适口性好、钙和脂肪含量高而大量用于动物配合饲料中。玉米的缺点是蛋白质含量低，而且主要由生物学价值较低的玉米蛋白质和谷蛋白组成，胡萝卜素含量也较低。所以，用玉米喂羊时，最好搭配豆饼等其他原料，并补充钙。玉米过量饲喂可引起酸中毒。

(2)大麦　大麦是重要谷物之一，全世界总产量仅次于小麦、稻谷、玉米，而居于谷物类第四位。大麦粒(脱壳)约含水分11%，粗蛋白质11%，粗脂肪12%，粗纤维6%，粗灰分3%。大麦的蛋白质含量高于玉米，大部分氨基酸(除蛋氨酸、甲硫氨酸以外)都高于玉米，但利用率比玉米低。由于大麦的外皮中含有一定量的单宁，因此具有涩酸味。大麦的热能含量不及玉米，而且非淀粉多聚糖(NSP)总量达16.7%(其中水溶性多聚糖为4.5%)。由于水溶性多聚糖具有黏性,可减缓羊消化道中消化酶及其底物的扩散速度,阻止其相互作用,降低底物的消化率,同时阻碍被消化养分接近小肠黏膜表面,影响养分的吸收。因此,大麦用作肉羊饲料时,以不超过日粮总量的20%为宜,而且应与其他谷物饲料源搭配使用。

(3)小麦　小麦的营养价值与玉米相似,全粒中粗蛋白质含量约为14%,最高可达16%,粗纤维含量为1.9%,无氮浸出物为67.6%。小麦虽然也含有11.4%多聚糖,水溶性多聚糖为2.4%,其黏度低于大麦。压扁小麦可代替肉羊精饲料中50%以上的玉米。

(4)高粱　高粱亦属禾本科植物子实,高粱和玉米间有很高的替代性。高粱籽粒所含养分以淀粉为主,占65.9%~77.4%。蛋白质占8.4%~14.5%,略高于玉米。粗脂肪含量较低,为2.4%~5.5%。与其他禾谷类饲料相比,高粱的营养价值较低,主要表现在其蛋白质含量较低,赖氨酸含量一般只有2.18%左右。高粱因含有带苦味的单宁,使蛋白质及氨基酸的利用率受到一定影响,不同高粱品种的单宁含量有明显差异。据李筱倩等人(1998)报道,扬州大学培育的Ks-304白色杂交高粱颖壳与子实易分离,单宁含量仅为0.0585%,其质量明显优于褐高粱。褐高粱的单宁含量高达1.34%,是杂交高粱的23倍,而且颖壳与子实包得很紧,味苦,适口性差,容易引起便秘。因此,褐高粱很少用在羊饲料中。

(5)燕麦　燕麦的营养价值低于玉米,虽然蛋白质含量较高(9%~11%),富含B族维生素,但粗纤维含量高达10%~13%,能量较低,脂溶性维生素和矿物质含量较少。

2. 糠麸类饲料

(1)麸皮　小麦麸的营养价值随出粉率的高低而变化。平均含粗蛋白质15.7%,粗纤维8.9%,脂肪3.9%,总磷0.92%。麸皮质地疏松,容积大,具有轻泻作用,是母羊产前及产后的好饲料。

(2)米糠　通常是指大米糠,其粗蛋白质含量为12.8%,粗脂肪 16.5%，粗纤维 5.7%，是一种蛋白质含量较高的能量饲料。但蛋白质品质较差，除赖氨酸外，其他必需氨基酸含量均较低。米糠中磷多钙少，植酸磷占其总磷的 80%以上。米糠中不饱和脂肪酸含量高，易氧化变质，不宜久存。

(3)玉米糠(玉米皮)玉米制粉过程中的副产品　主要包括外皮、胚、种脐和少量胚乳。其粗蛋白质含量为 9.9%，粗纤维 9.5%，磷多(0.48%)，钙少(0.08%)。玉米糠质地膨松，吸水性强，干喂后饮水不足，容易引起便秘，因此饲喂前应加水拌湿。肉羊配合饲料中的推荐量为 10%～15%。

(五)蛋白质饲料

凡饲料干物质中粗蛋白质含量在 20%以上、粗纤维含量小于 18%者均属蛋白质饲料。蛋白质饲料包括植物性蛋白质饲料和动物性蛋白质饲料。非蛋白质含氮饲料也可代替一部分蛋白质饲料。

1. 植物性蛋白质饲料　羊常用的植物性蛋白质饲料有：大豆饼(粕)、棉仁饼(粕)、菜籽饼(粕)、花生饼(粕)、DDGS 等。

(1)大豆饼(粕)　大豆饼(粕)是目前最好的植物蛋白源，其蛋白质含量高达 45%左右，其中含赖氨酸 3.02%、蛋氨酸 0.66%，富含核黄素和尼克酸，并含 5%脂肪、6%粗纤维，含磷也较多。因此，豆饼的营养价值较高。但大豆蛋白质的蛋氨酸、色氨酸、胱氨酸含量较少，最好与其他谷物饲料源(如苜蓿粉、棉籽饼等)搭配使用。豆饼虽然是一种高蛋白质饲料，但生豆饼中含有多种抗营养因子，有抗胰蛋白酶、植物凝集素、皂苷、植酸、抗维生素因子、致过敏因子等。这些物质不仅影响动物对营养物质的消化吸收，而且对动物机体组织器官有损害。热处理可破环其中大部分有害成分，并可提高其适口性和消化率。因此，用作动物饲料的豆饼(粕)应为熟制品。利用微生物发酵可分解和破坏豆粕中的有害因子，提高蛋白质生物转化率。羊精料补充料中的用量为 10%～25%。

另外，由于豆饼的营养物质裸露在外，在贮藏过程中容易遭受虫、霉侵害，不宜久存。

(2)菜籽饼(粕)　油菜籽饼(粕)粗蛋白质含量为36%～38%，其必需氨基酸较高，含硫氨基酸高于豆饼，但赖氨酸低于豆饼，氨基酸的有效性亦低于豆饼，适口性差。菜籽饼粕中含有硫葡萄糖苷及其降解产物、芥子碱等多种有毒有害成分。硫葡萄糖苷本身对动物并无毒性，对动物有毒害作用是其水解产物——噁唑烷硫酮、异硫氰酸酯、硫氰酸酯和腈。这些产物可引起甲状腺肿大，其中以噁唑烷硫酮的致甲状腺肿作用最强，故被称为致甲状腺肿素。反刍动物对菜籽饼粕中有毒成分的敏感性较非反刍动物低。中毒后的羊表现为食欲降低或废绝，反刍减少或停止。瘤胃蠕动无力而次数减少，臌气。尿频而量少，出现血尿，严重者出现急性溶血性贫血，可视黏膜发绀，鼻腔流出泡沫样液体。咳嗽，呼吸急促，精神沉郁，消瘦，常出现共济失调、痉挛或麻痹等神经症状。

菜饼粕中有毒成分种类较多，引起中毒危害状况较为复杂，且无特效治疗药物。饲用菜饼应经脱毒处理并限制其用量，羊精料补充料中的使用量以5%～6%为宜，最高不超过10%，羔羊慎用。发现羊只有中毒表现，应立即停止饲喂，对症治疗。

(3)芝麻饼(粕)　其营养成分与豆饼接近，含粗蛋白质40%、粗纤维8%，代谢能和赖氨酸含量均低于豆饼，富含蛋氨酸、胱氨酸、色氨酸和矿物元素，但种壳中草酸含量较高，影响矿物质的利用。一般不能作为动物的唯一蛋白源。羊精料补充料中的用量为6%～8%，羔羊精料补充料中的用量为3%～4%。

(4)花生饼(粕)　脱壳花生饼(粕)的营养价值较高，粗蛋白质可达44%～47%。与豆饼相比，花生饼中精氨酸含量较高，但其他必需氨基酸(特别是赖氨酸)缺乏，又因皮壳中单宁含量较高，绵羊对花生饼的消化率较低，加之易感染黄曲霉菌，应限制其用量。

羊饲料中的用量应为 8%～10%，同时注意其他氨基酸的补充。

(5)棉籽饼(粕)与豆饼相比　棉籽饼中蛋白质含量低，纤维素含量高，代谢能也较低，许多必需氨基酸特别是赖氨酸含量低。另一方面，棉籽饼粕中含有棉酚和环丙烯类脂肪酸，长期过量饲喂，可引起动物中毒。棉酚在动物消化道内可刺激胃肠黏膜，引起胃肠道炎症。吸收入血后，能损害心脏、肝脏、肾脏等实质器官，使之发生变性、坏死。因心脏损害而导致的心力衰竭常会引起肺水肿和全身缺氧性变化。棉酚能增强血管壁的通透性，促进血浆和血细胞渗向周围组织，能在神经细胞中积累而危害神经系统。干扰血红蛋白的合成，引起缺铁性贫血，并导致溶血。羊通过瘤胃微生物的发酵作用可使棉酚分解。也有人认为，游离棉酚在瘤胃中与可溶性蛋白质结合，形成结合棉酚，从而使其失去毒性。因此，对于瘤胃机能健全的成年羊来说，一般情况下不易引起中毒，但是，如果游离棉酚超越了瘤胃的解毒极限，仍会引起中毒。羔羊瘤胃机能尚不完善，难以对棉酚起到解毒作用，因而较易中毒。羊发生棉酚中毒后，表现为食欲减退，腹泻，失明，黄疸，心率和呼吸加快，颈部和胸腹部水肿。因此，棉籽饼(粕)在羊饲料中的用量应限制在 5%～8%，羔羊慎用。

(6)DDGS　DDGS 是酒糟蛋白饲料的商品名。由于用于加工原料不同，DDGS 又被分为：玉米 DDGS、高粱 DDGS、小麦 DDGS 和大麦 DDGS 等，其中以玉米 DDGS 产量最大，并被广泛用于反刍动物饲料。

玉米 DDGS 具有以下特点：①适口性好，无有毒、有害成分。②粗蛋白质含量和利用率高。以玉米为原料的 DDGS 粗蛋白质含量为 25%～30%。玉米在发酵制取乙醇的过程中，淀粉被转化成乙醇和二氧化碳，蛋白质、脂肪、纤维等均被留在酒糟中。由于微生物的作用，酒糟中的蛋白质、B 族维生素及氨基酸含量均比玉米有所增加，而且含有在发酵中生成的未知促生长因子。DDGS

蛋白质在反刍动物瘤胃中的降解率仅相当于豆粕的45%～50%，过瘤胃率高达45%～60%，因此用作羊饲料，其利用率较高。③脂肪含量高达含8%～12%，约为玉米子实的2～3倍。④中性洗涤纤维(NDF)和酸性洗涤纤维(ADF)含量高，分别为43%和18%，可促进羊胃肠蠕动，降低瘤胃酸中毒的患病率。⑤磷和钾含量高，分别为0.71%和0.44%，但钙的含量仅为0.10%，饲喂肉羊时必须注意钙和钠的添加。

DDGS的缺点是:水分含量高，易生长霉菌;另一方面，不饱和脂肪酸含量高，容易发生氧化。因此，DDGS饲料应注意干燥并尽量缩短保存时间。肉羊精料补充料中适宜使用量为10%～20%。

2. 动物性蛋白质饲料 动物性蛋白质饲料主要是指乳和乳品业的副产品、禽产品、渔业加工副产品和养蚕业副产品，如牛奶、鸡蛋、鱼粉、蚕蛹等。动物性蛋白质饲料不仅粗蛋白质含量高(一般占干物质的50%～85%)，品质好，所含必需氨基酸齐全，生物学价值高，而且消化率高，钙、磷比例适当，富含B族维生素，特别是维生素B_{12}含量高，是公羊配种季节不可缺少的饲料。

但动物性蛋白质饲料也存在着许多安全隐患:一是微生物污染。由于动物源性饲料产品具有更高的蛋白质及脂肪含量，容易受到微生物的污染，尤其是肉粉、肉骨粉中更易受微生物孳生污染(特别易受沙门氏菌污染)。二是重金属污染。用重金属超标的动物源性饲料饲喂动物后，可进一步在动物体内蓄积，进而污染畜禽产品，危害人类健康。例如，以生活在高汞、砷、镉等重金属环境中的鱼类为原料制作的鱼粉可造成汞、砷、镉等含量超标。三是疫病风险。动物源性饲料产品如果来自疫区带菌、病死畜禽或未经严格消毒加工的副产品原料，常会造成动物疫病扩散和通过食物链导致人类患病。目前，普遍认为疯牛病大规模暴发的主要原因是牛食用了含有羊痒病朊病毒的肉骨粉所致。

由于动物源性饲料存在上述安全隐患，2001年农业部就下发了《关于禁止在反刍动物饲料中添加和使用动物源性饲料的通知》,2010 年 2 月国务院法制办公布的《饲料和饲料添加剂管理条例(修订草案征求意见稿)》中,也禁止在反刍动物的饲料、饲料添加剂中添加动物源性成分,但乳和乳清除外。

3. 非蛋白质含氮饲料　尿素、双缩脲及某些铵盐都是目前广泛应用的非蛋白质含氮饲料。这些物质对肉羊没有能量的营养效应,但羊瘤胃中的微生物能有效地利用非蛋白氮合成能被羊胃肠消化吸收的菌体蛋白质,所以具有较高的营养价值。尿素是肉羊饲料中最常用的非蛋白氮,一般商品尿素的含氮量为 45%。每克尿素相当于 2.8 克粗蛋白质,或者相当于 7 克豆饼的粗蛋白质含量。适量的尿素可以取代羊饲料中的蛋白质饲料,降低饲料成本,而且还能提高生产力。

(六)矿物质饲料

矿物质饲料包括合成的或天然的单一矿物质饲料,多种矿物质混合的矿物质饲料,以及加有载体或稀释剂的矿物质添加剂预混料。主要有食盐、贝壳粉、蛋壳粉、石粉和脱氟磷矿粉及微量元素补充料等。这类饲料不含蛋白质、能量,只含矿物质。除食盐外,很少单独饲喂,一般作添加剂与精料混合使用。各地缺乏微量元素的种类不尽一致,需要有针对性地补充。使用时,要控制限量,并混合均匀,防止采食过量引起中毒。

(七)维生素补充饲料

维生素饲料是指人工合成或提纯的单一维生素或复合维生素,但不包括某些维生素含量较多的天然饲料。维生素在饲料中的用量非常小,常以单独一种或复合维生素的形式添加到配合饲料中。

(八)饲料添加剂

饲料添加剂是指在饲料加工、制作、使用过程中添加的少量或者微量物质,包括营养性饲料添加剂、一般性饲料添加剂。营养性饲料添加剂有饲料级氨基酸、维生素、矿物质及微量元素、非蛋白氮等。一般性饲料添加剂有酶制剂、饲用微生物制剂、抗氧化剂、防腐剂、电解质平衡剂、着色剂、调味剂、黏结剂、抗结剂和稳定剂及其他添加剂。

四、饲料的加工调制与供给方法

饲料加工调制的目的是为了保证饲料的品质,减少营养损失,增加适口性,易于消化,便于采食,提高饲料的营养价值和利用率。此外,对某些不能直接饲用的工农业副产品,通过加工调制后可变成饲料,有利于开辟饲料来源。饲料通过加工调制后,应结合饲用特点进行利用。

(一)精饲料的加工调制与供给方法

1. 调制方法　精饲料包括谷实类、饲用饼粕类及动物蛋白质饲料。其调制方法如下。

(1)*粉碎*　精饲料最常用的加工方法是粉碎。粗粉可提高适口性,增加采食量,提高羊唾液分泌量,增加反刍,所以粉碎不能过细,稍加破碎即可。

(2)*颗粒化和压扁*　将饲料粉碎后,根据肉羊的营养需要,进行搭配并混匀,用颗粒机制成颗粒形状。颗粒料饲喂方便,便于机械化操作,适口性好,咀嚼时间长,有利于消化吸收,并减少饲料浪费。如果精料单独饲喂,可压扁。压扁是将玉米、大麦、高粱等谷物加入16%的水,用蒸汽加热到120℃左右,用压扁机压成薄片,迅速干燥。压扁饲料中的淀粉经加热后糊化，羊的消化率可得到明显提高。

(3)浸泡　豆类、油饼类、谷物等饲料经浸泡，吸收水分，膨胀柔软，容易咀嚼，便于消化。有些饲料中含有单宁、棉酚等有毒物质，并带有异味，浸泡后毒素、异味均可减轻，从而提高适口性和安全性。浸泡时间应根据季节和饲料种类而定，避免长时间浸泡引起饲料变质。

(4)发芽　子实饲料发芽可极大地增加酶的活性，在酶的作用下，子实中的淀粉可变成单糖，蛋白质变成氨基酸或简单的肽类，脂肪分解成脂肪酸，维生素，特别是 B 族维生素和维生素 C 含量显著增加。如 1 千克大麦在未发芽前几乎不含胡萝卜素，但发芽后(芽长 8.5 厘米左右)，可产生胡萝卜素 73～93 毫克，核黄素的含量由 1.1 毫克增加到 8.7 毫克，蛋氨酸含量增加 2 倍，赖氨酸增加 3 倍，而无氮浸出物有所下降。另外，谷类饲料发芽后适口性有所改善，从而使动物的采食量大大增加。

一般禾谷类子实经过 6～8 天培育，芽的长度达 6～8 厘米，即可切碎饲喂。

冬季青绿饲料不足，给羊只补喂一些发芽饲料很有好处。尤其适合于饲喂幼羔羊、患病羊和妊娠母羊。

(5)蒸煮　蒸煮处理可破坏饲料中的有毒有害成分。如大豆由于有豆腥味，适口性不好，且含有抗营养成分。蒸煮后可破坏抗胰蛋白酶等有毒有害因子，提高蛋白质的消化率、营养价值和适口性。棉籽饼中含有棉酚等有毒物质，蒸煮后可破坏部分毒素。对蛋白质含量高的饲料，加热处理时间不宜过长，一般 130℃时不超过 20 分钟。但青绿饲料(尤其是叶类饲料)经蒸煮等热处理，不仅不能提高其营养价值，有时还会产生蛋白质变性、消化率降低、维生素破坏等不良作用，

(6)混合　湖羊的日粮应以粗饲料和青绿多汁饲料为基础，营

养物质不足部分再用精料补充。因此，粗饲料的供应状况直接影响精料补充料的组成和供应量。配制湖羊精料补充料时，首先要考虑羊的生理状态，是羔羊还是成年羊？是种公羊还是母羊？是哺乳母羊还是空怀母羊？是妊娠前期还是妊娠后期？元生公司生产出适合不同生理阶段肉羊的预混料、浓缩料、精料补充料和全混合日粮三大类13个品种。

①预混料。预混料是添加剂预混合饲料的简称，是一种或多种微量组分(包括各种微量矿物元素、各种维生素、合成氨基酸、非营养性添加剂)与稀释剂或载体按要求配比，均匀混合后制成的中间型配合饲料产品。预混料不能直接喂羊，必须与蛋白质饲料和能量饲料按一定比例配成浓缩料或精料补充料。预混料在肉羊精料补充料中的用量一般为4%～5%。由于预混料容易受潮变质，而且其中有些矿物元素对维生素有一定破坏作用。因此，贮存时间以不超过3个月为宜。

②浓缩料。浓缩料是由蛋白质原料和添加剂预混而成，没有添加能量饲料，不能直接饲喂，必须和玉米、麸皮或米糠等按照一定比例混合后才可以饲喂。浓缩料在肉羊精料补充料中的用量一般为30%～40%。

③精料补充料。精料补充料是由能量饲料、蛋白质饲料、矿物质饲料和部分饲料添加剂组成。其饲料营养不全面，主要补充以粗饲料为基础的湖羊的营养，饲喂时必须与粗饲料、青饲料或青贮饲料搭配。羊日粮中精料补充料的比例不应超过60%。

精料补充料可以从厂家直接购进，也可以购进预混料或浓缩料，自己调制。

④全混合日粮(TMR)。全价混合日粮是就根据羊对蛋白质、能量、粗纤维，矿物质和维生素等营养素的需要，把揉碎的粗饲料、精料补充料和各种添加剂进行充分混合而得到的营养平衡的全价混合日粮。

全混合料的优点：

第一，有利于控制日粮的营养水平，提高干物质采食量。

第二，可有效地防止消化系统机能紊乱。由于全混合日粮各组分比例适当，且均匀地混合在一起，所以湖羊每次吃进的全混合日粮干物质中，含有营养均衡、精粗料比适宜的养分，瘤胃内可利用碳水化合物与蛋白质分解利用更趋于同步；同时，又可防止反刍动物在短时间内因过量采食精料而引起瘤胃 pH 值的突然下降；能维持瘤胃微生物（细菌与纤毛虫）的数量、活力及瘤胃内环境的相对稳定，使发酵、消化、吸收及代谢正常进行，可防止酮血症、乳热症、酸中毒、食欲不良及营养应激等病的发生。

第三，可减少饲料浪费，提高生产率，实现肉羊规模化饲养。

饲喂全混合料应注意的问题：

第一，可作为肉羊的全部日粮，但应分次饲喂，以每日饲喂 3 次为宜。

第二，保持饲料原料的相对稳定性。变化原料时，应对营养成分进行测定，以便重新调整配方。

第三，现混现喂。混合好的饲料不宜久存。如果放置太久，其中的青贮饲料等成分就会腐败变质。

（7）制粒　颗粒饲料是通过机械作用将单一原料或配合好的混合料压成颗粒状的饲料，如草粉颗粒、精料补充料颗粒、全混合料颗粒等。

颗粒饲料的优点：

第一，在制粒过程中，短时的高温和高压作用可使饲料原料中的淀粉糊化，蛋白质组织化、酶的活性增强、有毒物质和抗营养因子被破坏，饲料的消化利用率得到改进与提高。

第二，颗粒饲料便于运输，便于机器撒料，可大大节省饲喂时间，提高劳动效率。

第三，通过添加调味剂，可以改变颗粒饲料的适口性，提高羊的采食量。

第四，制粒可使各种成分均匀混合，避免羊只挑食，减少饲料浪费。

第五，颗粒饲料贮存空间小，便于保存，而且可以延长饲料贮存时间。

饲喂颗粒饲料应注意的问题：

第一，由于颗粒饲料加工过程中温度、压力和水分的作用，可导致维生素的损失。

第二，由于颗粒饲料原料粉得太细，过瘤胃速度太快，会造成营养浪费。

第三，长时间单一饲喂颗粒饲料可导致绵羊反刍次数减少，瘤胃降解功能降减退。因此，因对长期饲喂颗粒料的羊群补充一定量的粗饲料，特别要注意青绿饲料（青贮饲料）或青干草的饲喂，以每天饲喂 2～3 次为宜。

（二）青绿饲料的供给方法

对羔羊、繁殖母羊和公羊来说，青绿饲料都是较好的饲料。尤其是哺乳母羊，饲喂青绿饲料可以提高产奶量。但羊饲喂青绿饲料时应注意下列问题：一是防止腹泻。大量饲喂水分含量较高鲜嫩牧草可引起羊只腹泻。二是防止矿物元素缺乏。幼嫩牧草中，水分含量高，矿物元素含量普遍较低，因此，应注意矿物元素的补充，但一般青绿饲料中钾含量较多，由于钾能促进钠的排出，放牧羊群不能忽视食盐的补充。另外，青绿牧草中钠和氯一般含量不足，所以放牧羊群更需要补给食盐。三是每一种单一的青绿牧草都有营养上的局限性，在放牧条件下，羊群会采食百样草，使营养得到互补。但在舍饲条件下，需要进行搭配饲喂。一般来说，豆科牧草蛋白质水平较高。禾本科牧草虽然粗纤维含量较高，对其营养价值有一定影响，但适口性较好，特别是在生长早期，幼嫩可口，羊的采食量较高。四是长期饲喂青干草的羊不能突然改喂青绿饲料，而应先与干草搭配饲喂，逐渐过渡到全青绿饲料。

（三）青干草的调制与供给方法

羊是草食动物，其饲料以饲草为主。但冬、春季节青草较为缺乏，特别是北方地区尤为突出。因此，需调制青干草以备青绿饲料缺乏季节饲用，同时也便于贮运。

1. 调制方法　原料要适时收割，豆科牧草在始花期到盛花期收割，禾本科牧草在抽穗期到开花期收割为宜，这时营养价值高，粗纤维含量低。收割后的青饲料要迅速排出水分，抑制植物的酶活性和呼吸作用以及微生物的生长繁殖，以保持饲料的营养价值，防止饲料腐烂霉变。干草调制方法有自然干燥法和人工干燥法两类。人工干燥可以减少牧草自然干燥过程中营养物质的损失，使牧草保持较高的营养价值，但需要干燥设备。在实际生产中以自然干燥法较为常用，自然干燥又可分为地面干燥和草架干燥。

（1）*地面干燥法*　牧草刈割以后，先就地干燥 6～7 小时，使之凋萎，当含水量降至 40%～50%时，用搂草机搂成草条继续干燥 4～5 小时，并根据气候条件和牧草的含水量进行草条的翻晒，使牧草水分降至 35%～40%，此时牧草的叶片尚未脱落，用集草器集成 0.5～1 米高的草堆，经 1.5～2 天当含水率降至 15%～18%时就可以上垛。

（2）*草架干燥法*　在牧草收割时若遇到多雨或潮湿天气，可以在干草架上进行干草调制。干草架有独木架、三脚架、铁丝长架等。将刈割后的牧草在地面干燥半天或 1 天后放在草架上，遇雨时也可以立即上架。干燥时将牧草自上而下地置于草架上，并有一定的斜度以利于采光、水分蒸发和排水。最低一层牧草应高出地面，以利于通风。当牧草水分降至 15%左右时，用打捆机压制成干草捆，每捆重 45～50 千克，其形状有砖块状和柱状等。干草捆的特点是保存养分性能好，单位体积重量大，在通风良好的情况下可贮存 6 个月。

2. 贮藏方法 干燥适度的干草，必须尽快贮藏，以减少营养物质的损失和感官性状变化。如果贮存不当，会造成干草的发霉变质，营养价值降低，而且还会引起火灾。通常将干草贮存在羊舍附近，便于取运。规模较大的贮草场应设在交通方便、平坦干燥、离居民区较远的地方。贮草场周围应设置围栏或围墙。

(1)散干草的堆藏 干草体积大，多露天堆垛贮藏，堆成圆形或长方形草垛，草垛大小视干草量而定。堆垛时应选择干燥地方，底层用树干、秸秆等作底，厚度不少于 25 厘米，避免干草与地面接触，并在草垛周围挖排水沟。堆垛时要一层一层地进行，并要压紧各层，特别是草垛的中部和顶部。散干草堆易遭日晒、雨淋、风吹，使干草营养成分损失，甚至霉变，如果适当增加草垛高度可减少干草堆藏中的损失。

(2)干草捆的贮藏 干草捆体积小，重量大，便于运输与贮藏。干草捆的贮藏可以露天堆垛或贮存在草棚中，草垛大小以草量大小而定。

调制的干草，除在露天堆垛贮存外，还可以贮藏在专用的仓库或干草棚内，以减少贮存中的损失。简单的干草棚只设支柱和顶棚，四周无墙，成本低。

3. 加工方法 干草可切短至 2～3 厘米长，或用粉碎机粉碎，但不宜粉碎得过细，以免引起反刍停滞，降低消化率。干草也可加工成颗粒、草块和草饼等。

4. 供给方法 加工调制的干草主要用于放牧羊群冬、春季补饲和舍饲羊群日常饲喂。干草可放在草架上让羊自由采食，可铡短后置于饲槽饲喂，也可与精料补充料、青贮饲料等混合成全混日粮饲喂。

(四)青贮饲料的调制与供给方法

青贮制作时，通常将含水分多的青饲料装填到密闭的青贮容器内，在厌氧条件下利用乳酸菌发酵产生乳酸，当 pH 值下降至 3.8～4.2 时，有害微生物被抑制。青贮饲料制作方法简便易行，经济实惠，可以长期保存而不会发霉变质。有些饲料经过青贮后，还可除去异味和毒素。青贮可以做到长年均衡供应，有利于肉羊的生产。

1. 加工方法　青贮前先将青贮窖、青贮切碎机准备好，青贮的关键是压实、厌氧和密封。

(1)青贮容器的选择　人们通常根据青贮原料的品种、数量和地势条件等选择青贮容器的种类和容量。青贮容器有青贮窖、青贮塔、青贮袋等。一般来说，青贮塔青贮效果最好，浪费少，但建筑成本较高，通常见于大型羊场；青贮袋饲喂和运输较方便，但需要专门的填充设备，生产成本较高；青贮窖较经济适用，一般养殖户均可建造。

青贮窖分为地下、地上、半地下 3 种。在地下水位低且土质较好的地方，可建地下青贮窖，深度以 2～3 米为宜(图 5-1)；在地下水位较高的地方，可建半地下青贮窖，地下部分一般为 2 米左右，地上部分为 1～1.5 米，窖底应比地下水位高出 0.5 米以上；在不宜挖地下窖或雨水较多的地方可修成地上青贮窖，其高度以方便操作为宜。

(2)青贮容量的估算　青贮窖的容量大小与青贮原料种类、水分含量、切碎压实程度及青贮设施种类不同有关。一般来说，揉搓和拉丝原料容易压实，需要的空间较小，每立方米可青贮 600 千克以上，切碎玉米秸秆可青贮 500 千克左右，按平均每立方米 560 千克计算。青贮容量的估算见表 5-1。

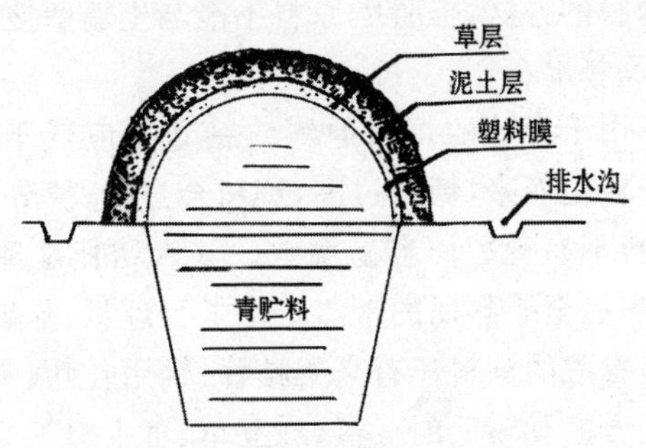

图 5-1　地下青贮窖

表 5-1　青贮容量的估算

序　号	深度（米）	底宽（米）	顶宽（米）	横断面积（米^2）	每米长青贮料重量（千克）
1	1.2	1.5	2.1	2.16	1210
2	1.2	1.8	2.6	2.64	1480
3	1.2	2.1	3.1	3.12	1750
4	1.8	1.8	2.7	4.05	2270
5	2.4	2.5	4.5	8.40	4700
6	3.0	3.0	5.6	12.90	7200

(3)青贮窖的建设要求

①地处选择。要求地势高燥，土质坚实，窖底离地下水位在0.5米以上。

②窖的形状。青贮窖以长方形较佳，要求窖壁光滑，窖口上大下小，适当倾斜，四角应呈圆弧形，窖底平整但有一定坡度。

③建筑材料。最好选择砖混结构，但没条件的地方可选择土

窖铺垫塑料薄膜的办法，但青贮原料不能与土墙壁接触。

(4)青贮原料准备

①品种。用于青贮的饲料原料含糖量不应低于1%，因为乳酸主要由糖分转化而来，糖分过高，饲料会过酸；糖分过低，乳酸繁殖缓慢，则饲料不易青贮而容易腐败。玉米秸秆是理想的青贮原料，尤其是乳熟后至蜡熟期的带棒玉米最为理想，苹果渣青贮效果也很好。容易青贮的饲料还有高粱秸秆、饲用甘蓝、菊芋等。较难青贮的饲料是含糖量较低的苜蓿、红豆草、草木樨等豆科牧草。豆科牧草最好在盛花期收割，并以1∶2的比例掺入禾本科牧草或青玉米秆中青贮。

②水分。青贮原料的适宜含水量为65%～75%。水分不足，青贮原料不易压实，空气不易排除，植物体糖分也不容易渗出来。这种条件不利于厌氧的乳酸菌繁殖，相反，喜氧杂菌会猖獗；水分过多，青贮料中的汁液会受压流失，使原料粘结成块，降低乳酸浓度，产生挥发性酪酸和氨，使青贮饲料变臭。

测定青贮原料水分含量的简易办法是，用手捏青贮料，以指间水湿不滴水为宜，如果青贮原料含水量过高，可适当晾晒；如果含水量过低，可少量加水拌匀后青贮；如果青贮原料含水量低且质地粗硬，植物细胞汁液难以渗出，可添加0.2%～0.5%食盐，以促进细胞汁液渗出，加快发酵速度。

青贮原料水分的掌握，应视质地而定。如玉米秸、高粱秆等质地粗硬、不易压实的原料，水分含量应高一些。质地柔软的原料如薯蔓、糜草、树叶、天然牧草等，水分含量应低一些。

③收割时间。适时收割是保证青贮原料质量最主要的因素之一。选择收割时间，不仅要考虑单位面积营养物质收获量的多少，而且要考虑到糖分和水分是否合适。收割好的原料应当及时运到青贮现场予以青贮。因为原料在田间放置太久，不仅营养受到一定程度损失，而且易感染杂菌而发霉。

④其他。用于青贮的原料应当切成3～5厘米长。经过揉搓和拉丝的原料青贮效果更好。

(5)装窖　装窖前,先在窖底铺垫10～15厘米厚的麦秸。原料随切随装,分层填入窗内,厚度为10～20厘米,人工或机械逐层压实,特别要压紧窖的边缘和四角。较大的青贮窖还可用拖拉机碾压。装填时防止将泥土及杂物混入青贮原料内,禾本科与豆科饲料混贮时,要注意混合均匀。

(6)封窖　当青贮原料装添到高出窖面1米后,在上面盖上塑料薄膜或15～30厘米麦秸,压紧,然后在上面压一层干净的湿土,待1周后,青贮原料下沉后,立即用湿土填起,下沉稳定后,再向顶上加1米左右厚的湿土并压实。封顶后定时观察,发现下陷或裂缝时及时培土、填实,避免下沉后窖顶裂缝进入空气或雨水渗入。为了防止雨水浸入,四周应挖排水沟。

(7)开窖和取用　青贮饲料要在青贮后40～60天,待饲料发酵成熟,产生足够的乳酸,具备抗有害细菌和霉菌的能力后才能启用。开窖后,应从一端开始,分段取用。首先揭去上面覆盖的土、草和霉变层。由上而下垂直取用。每次取料厚度达10厘米,取后要用塑料薄膜盖严。

(8)青贮时应注意事项

①排除空气。乳酸菌是厌氧菌,只有在没有空气的条件下才能繁殖。如果不排除空气,不仅乳酸菌生存受到抑制,而且喜氧的霉菌会迅速繁殖,导致青贮失败。因此,青贮原料要切短、压实、密封好。

②创造适宜的温度。当青贮原料温度达到25℃～35℃时,乳酸菌就能大量繁殖,很快占主导地位,致使其他一切杂菌都无法活动繁殖。温度过高(50℃),丁酸菌活跃,会导致腐败。因此,在青贮饲料时,应注意选择适宜的季节或天气。气温过低,乳酸菌不能正常繁殖,也达不到青贮的效果。

③缩短加工时间。铡碎的青贮原料堆放半天，就会大量产热，既损失养分，又影响质量。因此，青贮过程中应快割、快铡、快装窖。

2. 青贮饲料质量鉴定　通常人们主要通过捏、看、闻的感官评价来确定青贮饲料是否霉变或过酸，是否可用作饲料。对已经发霉的低劣青贮饲料应视为垃圾，坚决不能喂动物。青贮饲料感官鉴定标准见表5-2。

表5-2　青贮饲料感官鉴定标准

等级	颜色	气味	酸味	结构
优良	绿色或黄绿色，接近原色，有光泽	芳香酒酸味很浓	浓	湿润，紧密，捏成团后会逐渐散开
中等	黄褐色或暗绿色	酒香味很淡或有刺鼻酸味	强烈	水分稍多，捏成团后不易散开
低劣	黑色、深褐色，生有白霉	有特殊臭味或霉味	无	腐烂、污泥状，黏滑或结块、无结构

3. 供给方法

（1）现取现用，以当日喂完为准　凡感官质量低劣和不符合卫生标准的青贮饲料不可饲用。

（2）逐渐增加饲喂量　用青贮料饲喂羊，初期不宜多喂，可与精料混合后饲喂，并逐渐增加饲喂量，成年羊的日饲喂量为1～2千克，并应分2～3次饲喂。由于青贮饲料含有大量的有机酸，具有轻泻作用。因此，患有肠炎、腹泻羊和妊娠后期母羊应少喂或停喂，尤其是临产前半个月的妊娠母羊一定要停喂。饲喂青贮饲料的羊精饲料中应添加1%～2%碳酸氢钠，以防止酸中毒。羔羊因瘤胃功能不健全，应少喂或慎喂。如果青贮料的酸度过大，可用5%～10%的石灰乳中和后再饲喂。

(3)严禁饲喂霉变青贮饲料　如果发现羊在饲喂青贮饲料后出现腹泻现象，就应立即检查青贮饲料是否发霉或感染其他病菌。如果发现霉变，应立即停止饲喂。

(五)农作物秸秆饲料的调制与供给方法

1. 切短与粉碎　切短、粉碎可提高秸秆的采食量，减少饲料在采食物过程中的浪费，但不能提高其消化率和营养价值。对湖羊来说，饲草以切成2～3厘米长为宜，但饲喂老龄羊的饲草以1厘米长为宜。不论是粗饲料还是精饲料，都不能粉得太细。粗饲料粉得太细，过瘤胃速度太快，会造成营养物质的浪费。谷物饲料经过适当的粉碎，可使表面积增大，有利于羊消化道及微生物所分泌的酶的接触与消化，因此可提高营养物质的消化和利用率。但粉得太细，大部分淀粉在瘤胃内被微生物降解、发酵而产生挥发性脂肪酸，降低了能量的利用率。大量的玉米淀粉被瘤胃微生物降解后，可产生大量的丙酸，使瘤胃pH值降得很低，从而影响瘤胃微生物对纤维素的分解。另外，饲料粉得太细影响反刍，容易引起瘤胃积食。

2. 揉搓和拉丝　揉搓和拉丝不仅可提高饲料的适口性和采食率，而且使青贮饲料容易压实，节约贮存空间，每立方米可青贮600千克以上，比切短饲料多青贮20％左右，羊的采食率可达到100％。由此可见，揉搓和拉丝可以大大节约饲料原料。

3. 发酵　秸秆最常见的发酵方法是青贮。

4. 浸泡　将切细的秸秆用水或淡盐水浸泡，使其质地变软，适口性增强，可提高羊采食量。用此法调制的饲料，水分不能过大，应按用量浸泡，一次喂完。

5. 热喷　将原料粉碎后装入压力罐，加入添加剂，通入蒸汽进行热喷处理。处理后的麦秸的消化率可由原来的38.65％提高到55.45％。

6. 氨化　氨化的主要原料是氨水、尿素、碳酸氢铵、硫酸铵等，处理的对象主要是营养价值差（含糖量低于5%）、消化降解率低的稻秆和麦秸。由于氨源具有弱碱性，能打断植物细胞壁中纤维素、半纤维素与木质素之间连接的酯键，增加纤维之间的空隙度，使细胞壁膨胀、疏松，增大瘤胃微生物附着的面积，提高纤维降解率。

但氨化饲料存在着一定缺点：一是适口性较差，羊不喜食。二是成本大，效益差。制作氨化饲料所用的氨源约有2/3是在饲喂动物后被白白浪费掉，因此羊饲喂氨化秸秆所获得的经济效益与氨化成本呈负相关。三是可引起羊中毒。家畜饲喂氨化秸秆饲料可引起发狂病。虽然采食氨化干草的母畜不出现中毒症状，但所产的奶对幼畜有毒。羊肉、羊奶中存在的这种毒素对人体健康可能具有潜在性的威胁。四是饲喂氨化饲料的羊肉、羊奶有异味。五是具有安全隐患。当饲料或放置氨化饲料的空间氨浓度积累到15%～28%时，遇火星即可爆炸。鉴于以上原因，我们不提倡用氨化饲料喂湖羊。

（六）块根块茎饲料的调制与供给方法

块根块茎饲料收获后稍加风干，除去表面水分，在室内或窖内贮藏。喂前先洗净泥土，除去腐烂部分，切成小薄片或小长条后单独补饲或与精料拌匀后饲喂，以利于羊的采食和消化。切忌用整块的块根块茎饲料喂羊，以免造成食道阻塞。

块根块茎饲料具有轻泻与调养作用，对泌乳母羊还起催奶作用。在良好草地上放牧的羊不需要补饲这类饲料，到了枯草季节，应根据具体情况补喂。如果青干草的质量和数量都不理想，也没有青贮饲料，每只成年羊每天可喂块根或块茎饲料1～2千克。补饲量的确定还要参考羊所排粪便的变化，如果粪便不成形，就要减少饲喂量。繁殖季节的公、母羊需要大量的维生素，应供给足够的多汁饲料。在严寒的冬季应控制多汁饲料饲喂量，以防羊只发生腹泻症。

(七)尿素的调制与供给方法

尿素可混合于精饲料中(氨水除外)，也可与青贮饲料、干草混合饲喂。

1. 调制方法 将尿素加在青贮饲料中，可提高青贮饲料的蛋白质水平。一般每 1 000 千克青贮饲料中加尿素 5～6 千克，即先将溶解后的尿素均匀地洒在青贮饲料中，然后装窖青贮即可。如果将尿素与糊化了的淀粉做成颗粒饲料，饲喂效果更好。

2. 饲喂方法

(1)严格控制饲喂量　羊一次采食过多的尿素，可导致瘤胃尿素浓度过大，分解氨过多而引起中毒。一般成年母羊每天喂尿素 10～15 克。每日应分 2～3 次喂给。如果按日粮干物质计算，尿素喂量以不超过 1%为宜，并采取由少到多的饲喂办法，逐渐增强微生物的适应能力和合成作用。

(2)禁止单纯喂尿素　单独饲喂尿素更容易中毒。喂前应先将尿素溶于少量水中，然后均匀地拌入精料或铡短的秸秆、干草中，而且分次饲喂。

(3)控制高蛋白质饲料源饲喂量　在利用尿素喂羊时，饲料中的粗蛋白质含量不应超过 12%。如果绵羊采食了大量富含尿素酶的饲料(黄豆、黑豆、豆饼、刺槐叶、紫穗槐叶、紫花苜蓿等)，尿素酶在瘤胃中可加速尿素分解并在短时间内大量释放氨，使有益菌不能大量繁殖，不能获得大量菌体蛋白，饲喂尿素失去意义，而且会出现氨中毒。

(4)禁止喂后立即饮水　如果羊采食尿素后立即饮水，使尿素分解过快，可导致瘤胃尿素浓度过大而中毒。

(5)禁止空腹饲喂　羊空腹时采食含尿素的饲料使瘤胃内尿

素浓度过大,微生物也来不及有效利用尿素释放出的氨,也可使氨直接通过胃壁而被羊体吸收,引起中毒。

(6)禁用抗菌药物　在羊饲喂尿素期间,如果同时食入抗生素类添加剂或药物,大量的有益微生物被杀死,尿素所释放的氨不能被微生物有效利用而进入血液,引起羊中毒。磺胺类药物还会使硫发生络合反应而引起硫络血红蛋白症。因此,饲料中如果添加了尿素,就不能同时添加抗菌药物或添加剂。

(7)不能喂羔羊　7周龄前的羔羊瘤胃微生物区系还不稳定,功能还未健全,没有足够的微生物利用尿素所释放出的氨,因此,不宜给羔羊喂尿素。

(8)不宜喂育肥羊　一方面由于育肥羊日粮蛋白质水平较高,尿素利用率不高,另一方面由于饲喂尿素影响羊肉风味,因此育肥羊不宜饲喂尿素。

(9)其他　饲喂大量青草时,饲料中也不宜再添加尿素。

(八)矿物质饲料的调制与供给方法

1. 以添加剂或预混料的形式供给　不论是添加剂还是预混料,都必须根据羊日粮中各种元素的盈缺情况予以供给,而且要与其他成分混合均匀且控制用量,并以防羊采食过量而中毒。市场上出售的矿物元素添加剂或预混料均以多种元素混合型出售。肉羊所需要的微量元素都可以添加剂的形式供给。

2. 单一原料补充　如钙、磷等比例缺乏时,可用磷酸氢钙予以补充。如钙、磷不是等比例缺乏,可用石粉或贝壳粉补充。补盐即可满足羊对氯和钠元素的需求。

3. 通过调整饲料予以满足　有些元素通过调整饲料即可满足。如增加日粮中的谷实类、饼粕和糠麸类饲料,可以解决羊的钙和硫缺乏问题;通过饲喂麦类及糠麸类饲料可以补充锰元素。

(九)维生素补充饲料的供给方法

维生素主要存在于青绿饲料中。冬、春季节,青饲料缺乏,维生素不足,影响肉羊的生长发育。胡萝卜、优质牧草、树叶和发芽饲料都含有大量胡萝卜素和维生素 E,可用作维生素补充料。在冬、春缺乏青饲料季节,胡萝卜用作种公羊、泌乳母羊、小羔羊的维生素补充料,效果很好。每只成年羊的日饲喂量为 0.5～1 千克,羔羊为 0.2～0.3 千克。

(十)饲料添加剂的供给方法

1. 莫能菌素 莫能菌素又称瘤胃素、莫能菌素钠、孟宁素,是目前世界上最广泛使用的抗生素。莫能菌素的作用是控制和提高瘤胃发酵效率,提高增重速度和饲料转化率。莫能菌素在肉羊日粮中的添加量为 25～30 毫克,但使用时要注意充分搅拌均匀。初期喂量应少一些,以后逐渐增加到规定剂量。

2. 益生素 益生素又称益生菌、活菌剂、生菌剂和促生素。在我国又称为微生态制剂或饲用微生态添加剂,是采用动物肠道有益微生物经发酵、纯化、干燥而精制的复合生物制剂。对羔羊来说,饲料中添加益生素可以促进羔羊生长率,提高存活率、饲料利用率和免疫力,减少死亡率。成年羊一般不需要添加益生素。

3. 缓冲剂 常用的饲料缓冲剂有碳酸氢钠和氧化镁。在肉羊强度育肥时,在饲料中添加缓冲剂,可以增加瘤胃中的碱性蓄积,使瘤胃环境更适合于微生物的生长繁殖,并能增加食欲,从而提高饲料的消化利用率。缓冲剂应均匀地混合于饲料中,添加量要逐渐增加,以免突然增加造成采食量下降。碳酸氢钠的用量为混合精料的 1.5%～2%,或占整个日粮干物质的 0.75%～1%;氧化镁的用量为混合料的 0.75%～1%,占整个日粮干物质的 0.3%～0.5%。试验表明,二者联合使用效果更好,碳酸氢钠与氧化镁的比例以 2～3∶1 为宜。

五、日粮配合

日粮是指满足一只羊在一昼夜所需各种营养物质而采食的各种饲料的总量。日粮配合就是根据肉羊的饲养标准和饲料营养特性，选择若干种饲料原料按一定比例搭配，使日粮能满足肉羊的营养需要。

（一）日粮配合原则

我国 1985 年通过的《湖羊饲养标准》是依据羔皮羊营养需要制定的，不适合肉用型湖羊。肉用湖羊日粮配合应遵循以下原则：

第一，根据肉羊不同饲养阶段、生产任务和日增重的营养需要量，科学配制日粮。

第二，根据羊的消化特点，科学选择多种饲料原料进行搭配，确定合理的配合比例，适口性要强。

第三，因地制宜，尽可能充分合理地利用当地来源广、价格便宜的饲料原料配制日粮，要充分利用农副产品，以降低饲养成本。

第四，饲料原料选择要尽量多样化，以起到饲料间养分的互补作用，从而提高日粮营养价值和利用率。

第五，日粮要有适宜的容积，其组成和比例要保持相对稳定。

（二）日粮配合步骤

第一，确定饲喂对象的相应标准所规定的营养需要量。

第二，先满足粗饲料的喂量。

第三，确定补充饲料的种类和数量，一般选用混合精料以满足能量和蛋白质需要量的不足部分，最后用矿物质、维生素补充饲料来平衡日粮中的钙、磷、氯化钠的需要量。

(三)注意事项

配合日粮的依据是肉羊的营养需要或饲养标准,按照年龄、体重、生理阶段和生产任务、拟达到的日增重以及不同的环境(季节、气候)等因素而定。

第一,对放牧饲养的羊群,应在日粮中扣除放牧采食获得的营养数量,不足部分补给干草、青贮料、精料、矿物质和食盐。

第二,对育肥阶段的生长期肉羊,日粮中的精料比例应达到60%以上。

第三,采用全价颗粒饲料育肥肉羊时,日粮中优质青干草等粗饲料的比例应为15%～20%。

第四,在高温季节,羊采食量下降,为减轻热应激、降低日粮的热增耗而保持净能不变,应减少粗饲料含量,保持有较高浓度的能量、蛋白质和维生素,以平衡生理上需要。

第五,在寒冷地区或寒冷季节,为减轻冷应激,日粮中应添加含热能较高的饲料。

第六章　湖羊的饲养管理

一、一般饲养管理原则

羊群只有处于健康状态才能正常生长、繁衍和发挥出最大的生产潜力。因此，必须为羊群提供适宜的生存与生产条件，尤其注重提供其基本的福利与保健条件。

（一）福利原则

一切对动物体具有损伤性的生物、物理、化学因素以及心理上的强烈刺激都会引起身体一系列非特异性全身性反应（应激反应），这种反应时间过长，不论程度强弱都可引起疾病、死亡或对产品品质造成一定影响，如在运输和屠宰过程中动物很容易发生应激反应使机体分泌大量的肾上腺素，分解体内的肝糖原和肌糖原，从而影响屠宰后肉品的酸化速度和程度，对肉品产生不利影响。如果应激时间长，肌糖原消耗过大，就会形成暗色干燥肉（DFD）。如果应激是在接近屠宰或正在屠宰时发生，糖酵解加剧就会导致PSE肉（白肌肉）。世界上很多国家都出台了动物福利法。规定动物享有以下基本福利条件：

1. 享有不受饥渴的自由　要保证羊群能自由饮用清洁饮水，并能采食到保持其良好健康和精力所需要的食物。

2. 享有生活舒适的自由　羊群能够在舒适的圈舍休息、睡眠和自由活动。

3. 享有不受痛苦、伤害和疾病的自由　及时预防疾病，对患病动物给予及时治疗,以保证动物不受额外的疼痛。《欧洲公约》中规定:动物在卸载和移动时,应当得到必要的照顾,不得采取导致动物痛苦和疼痛的提头、脚、尾巴等行为。

4. 享有生活无恐惧和悲伤感的自由 要避免动物遭受精神痛苦。进入屠宰厂(场)后,要尽快卸载。如果在运输车上等待卸载,屠宰厂(场)应当提供必要的通风条件和抵挡恶劣天气的条件。动物在屠宰厂(场)活动的时候,不应当采取使它们感到害怕或者兴奋的措施;

5. 享有表达天性的自由 要给动物提供足够的空间和适当的设施并保证动物与同类动物伙伴在一起。

(二)安全保健原则

1. 搞好防疫 制定出科学的防疫程序,按计划进行防疫接种和驱虫。

2. 定期消毒 定期对圈舍及环境进行消毒。

3. 保持卫生 定时打扫圈舍和运动场,定期刷拭羊体,保持环境和羊体卫生。

4. 坚持自繁自养 减少外购羊只机会,禁止从疫区购进羊只。

5. 做好日常管理 做好羊群修蹄、断尾等工作,尤其是舍饲羊群必须定期修蹄。

6. 禁止饲喂霉变和霜冻饲料 禁止饲喂各种发霉、腐败和霜冻饲料,禁止饮用被污染和冰冻水。

7. 尽量减少抗生素使用量 通过科学饲养管理,有计划防疫,提高羊群健康水平,减少发病概率。

8. 禁止使用违禁药品和激素 禁止使用国家明文规定的一切禁用药品和促生长素。

(三)效益原则

1. 经济效益　肉羊生产效益来自两个方面：一是通过提高繁殖力、利用科学技术、开发和合理调配饲料资源、羔羊提早出栏等措施降低养殖成本；二是通过优选品种、短期肥育、科学养殖等措施生产更多的高档羊肉，增加收益。

2. 社会效益　首先要为市场提供所需要的产品，解决市场供应短缺问题。随着经济的发展和人民生活水平的提高，消费者再也不完全满足于过去那种对初级羊产品的需求，也不再关注肉羊的脂尾与肥臀，而是转向高蛋白质、低脂肪、低胆固醇含量的多汁、鲜嫩乳羔肉、肥羔肉等高档羊肉。因此，必须选择繁殖力高、生长速度快的肉羊品种及其高效生产杂交组合。

3. 生态效益　在生态环境脆弱的西北地区，舍饲仍然是肉羊主要养殖形式。因此，今后的主要任务是提高肉羊繁殖力和产肉性能，开发和更有效地利用饲料资源。

(四)持续发展原则

持续发展的前提是创新。创新是一个产业永远的生命力。必须通过对养殖技术与方法的不断探索、改进与创新，才能提升产品数量与质量，为市场提供更具竞争力的产品，才能立于不败之地。

二、羊群四季管理要点

(一)春季羊群饲养管理要点

春季是羊群最难熬的季节。经过冬季枯草季节，春季饲料来源更加困难，羊群膘情下降，母羊处于产羔、哺乳期，营养消耗量更大。此时，如果缺乏营养，羊群体质会迅速下降，母羊会出现缺奶、弃羔现象。产双羔或多羔母羊的情况更加糟糕。春季气温变化较大，体内外寄生虫较猖狂，对羊群健康造成更大威胁。春末虽然气候转暖，牧草开始萌芽，但放牧羊群常因跑青而消耗更多的体能，乏瘦现象会更加严重。因此，春季羊群的科学管理尤为重要。

1. 选择凹地放牧 要选择避风向阳、水源较好的低凹处，采取顶风出牧、顺风归牧的放牧方式，尽量缩短放牧距离，防止体力消耗。为了防止羊群抢青，出牧前先给羊喂一定量的干草和精料，待羊的胃肠功能适应了青草后再转入全天放牧，全天放牧羊群也应在出牧前适当补饲，这样既可防止羊群因“跑青”掉膘，又能防止羊只采食过量嫩草引起瘤胃臌胀或中毒。舍饲羊群还要注意饲料的营养的搭配，对哺乳母羊，不仅要保证优质青干草和精料的供给，还要适当补充多汁饲料或青绿饲料。

2. 注意圈舍保温 尤其是新生羔羊圈舍的温度应保持相对稳定。

3. 搞好防疫驱虫工作 在羊群体质有所恢复后，应配合基层兽医防疫部门进行防疫和驱除体内外寄生虫工作，并对圈舍进行彻底消毒。

4. 重视蛋白质和矿物质饲料供给 在提高日粮蛋白质水平的同时，还要注意矿物元素的补充，可在槽头放上食盐或盐砖，任其自由舔食。缺硒地区，还要补硒。

(二)夏季羊群饲养管理要点

1. 防高温 肉羊生长的适宜温度为20℃～25℃，在这一温度范围内，羊有机体代谢稳定，用于维持的能量消耗最少，饲料转化率和生产力最高，生产上最为经济。但在夏季，当环境温度高于30℃时，羊体散热受阻，热平衡被破坏，积热增加，便出现热应激。高温是对羊体危害性最大的应激因素之一，可引起羊一系列的生理反应，应引起高度重视。

(1)高温的危害

①采食量和生活力下降。环境温度过高对羊的健康不利。在持续高温条件下，羊机体热平衡很容易被破坏，进入病理状态：皮肤血管扩充，体温升高，呼吸和心跳频率加快，采食量下降，饮水量增加，生活力和生产力均受到明显影响。

②猝死。在羊受到强烈的刺激后，尚未表现出症状之时就突然死亡。其原因可能是羊突然受到惊恐，神经高度紧张，全身小血管收缩，先是皮肤、内脏组织缺氧，然后是心脏、脑、肌肉血管收缩，缺血缺氧。强烈的应激可使羊不表现症状立即死亡。

③酸中毒。在高温季节，羊呼吸加快，呼出大量的二氧化碳，血液 pH 值下降，引起代谢性酸中毒。

④繁殖力下降。热应激时，绵羊体温常升高 1℃～2℃，使精子生长、卵子发育、受精、胚胎成活、胎儿发育、羔羊的成活率都受到影响。处在发育阶段的受精卵极易死亡。尚未驯化于炎热环境的绵羊，炎热所引起的胚胎死亡率可高达 100%。

⑤尿结石发病率上升。在高温季节，如果羊群饮水不足，尿液浓缩，容易发生尿结石，尤其是肥育公羔和阉羔发病率可高达 5%～10%。

(2)对应措施

第一，为羊群提供遮阳、避风的棚舍。

第二，栽植阔叶树种。在运动场及其周边栽植阔叶树种。树木不仅可以吸收太阳辐射热、二氧化碳和氨气，释放氧气，改善羊场内温度、湿度和气流，还可以使空气中的微粒数量大大降低，使细菌失去附着物，减少病菌传播的机会。有些树木的花、叶能分泌一种芳香物质，可以杀死细菌、真菌等。树木对噪声具有吸收和反射的作用，可以减弱噪声的强度，树叶密度越大，树木减声效果越显著。羊场常见的绿化树种有泡桐、梧桐、小叶白杨、毛白杨、钻天杨、旱柳、垂柳、槐树、红杏、臭椿、合欢、刺槐、油松、侧柏、雪松、樟树、核桃树等。

第三，多饮水。在高温季节，不论是放牧羊群，还是舍饲羊群，都要多饮水，最好是自由饮用清洁饮水，水中添加适量的食盐。禁止饮用脏水、死水，以免引起寄生虫病和消化道疾病。

第四，通过增加饲喂次数、提高饲料的适口性来增加采食量，从而提高其生产性能。

第五，调整日粮，减少饲料中的粗纤维含量，使其控制在10%左右。因为羊消化道的产热量随粗纤维含量的增加而增加。在高温环境条件下，采食高粗纤维饲料的羊直肠温度、呼吸次数、心率都高于采食低粗纤维饲料的羊。另外，可在饲料中添加0.5%～2%碳酸氢钠，以减缓或消除热应激的影响。

第六，做好应激处理。羊一旦发生中暑，应迅速移至阴凉通风处，并用水浇淋羊的头部或用冷水灌肠散热，使羊体温散热至常温为止。也可以根据羊只大小及营养状况适量静脉放血，同时静脉注射生理盐水或糖盐水。

第七，放牧羊群应做到早出晚归，尽量选择地势高、通风凉爽的山冈草坡或平坦开阔的草地放牧，防止羊群“扎窝子”。对于舍饲羊场来说，运动场应当搭建凉棚或者周围种植高大的阔叶树种，多喂一些适口性好、营养价值较高的牧草和多汁饲料。羊群的一切活动最好在舍外进行，如果需要在舍内活动，一定要打开圈舍门窗，保证空气对流、隔热。

2. 防蚊虫

(1)及时清理圈舍及圈舍周围的粪便和污水等，以减少蚊虫孳生的机会。

(2)选择高燥、凉爽的地方放牧。

3. 防毒蛇咬伤 夏季是毒蛇较活跃的季节。羊被毒蛇咬伤的部位多在跗关节或球节附近，有时咬伤头部。咬伤部位越接近中枢神经及血管丰富的部位，其症状越严重。预防毒蛇咬伤的措施包括：

第一，给领头羊带响铃。羊在前行的过程中始终有响亮的铃声，毒蛇会闻声而逃，这是预防毒蛇咬伤的最简单而有效的方法。

第二，牧工走在羊群前面“打草惊蛇”。根据判断在毒蛇容易出没的地方，先打几鞭再让羊采食，即所谓的“打草惊蛇”。

第三，购买蛇伤解毒片。这类药内服和外用效果都很好。外敷时，用水将蛇药调成糊状，涂于伤口周围，但不能涂在伤口内。对全身症状严重者，应及时输液、强心，防止休克。

（三）秋季羊群饲养管理要点

对羊群来说，秋天是一个抓膘的季节、收获的季节和播种的季节。

1. 延长放牧时间　在秋高气爽的秋天，牧草丰富，草籽逐渐成熟，羊群放牧要坚持早出、晚归，延长放牧时间，让羊多吃、吃饱，迅速上膘。舍饲羊群也要尽可能采食青绿饲料，以保证营养的满足供给。配种公羊必须补充精饲料，母羊也要保持良好的膘情，以便正常的排卵、受孕。

2. 做好羊群防疫驱虫工作　各羊场和养殖户要根据当地兽医防疫部门的统一安排，给羊群接种疫苗，同时对圈舍进行 1 次彻底消毒。紧接着要对羊群进行 1 次全面驱虫。驱虫包括驱除体内寄生虫和体外寄生虫。

3. 抓好羊群的配种工作　对于西北地区来说，羊群要争取在 10 月底前完成全部配种任务，以便来年羔羊能产在“黑色四月”之前。

4. 防潮湿　秋季是一个多雨季节。圈舍潮湿有利于致病性真菌、细菌和寄生虫的繁殖与孳生，使羊的患病概率上升，尤其易患腐蹄病。圈舍干燥是非常重要的，有条件的羊场和养殖户可给圈舍地面铺垫干土或铺设羊床。

(四)冬季羊群饲养管理要点

在冬季,牧草枯萎,叶片凋落,北方大部分地区有霜冻与冰雪,羊群经常面临寒冷、饥饿,甚至被冰雪围困等困难。

1. 注意能量饲料的供给

(1)在寒冷的冬季,羊的采食量增加,生长速度减缓。温度过低,羊需要摄取大量营养,增加体内热能产量,以补偿过多的热散失,影响正常生长发育。据报道,家畜在-10℃时,比在1℃时散失的热能要高28%,气温在4℃以下时,增重约降低50%,每千克增重的饲料消耗量比在最适宜温度时增加2倍。

(2)饲料营养利用率下降。羊在受冷时自动减少饮水量,使体内总水量下降,血液的渗透压上升。寒冷使瘤胃、网胃的活动增强,缩短了食物在其中的滞留时间,因此食物的表观消化率下降。

(3)低温影响母羊的产奶量。在寒冷环境条件下,母羊乳房不能正常吸收葡萄糖,而葡萄糖是合成乳糖的主要原料。因此,北方地区冬季要注意羊群能量饲料的供给。

2. 注意饮水供应 在寒冷的冬季,羊群的饮水量会明显下降,但仍需要满足供给,水温应控制在5℃～10℃。妊娠母羊和产羔母羊应防止饮用冰碴水。

3. 注意运动 对于舍饲羊群,必须给羊群提供干燥、温暖的圈舍,每天至少要驱赶运动2小时以上,而且要多晒太阳。

4. 注意青干草的供给 羊群容易缺乏脂溶性维生素,必须注意青干草的供给。

5. 注意圈舍保暖 晚间要关闭门窗。产房可利用暖气或火炕、火墙加温,将舍内温度提高到10℃左右,至少不低于5℃。

三、各类羊群的饲养管理

(一)羔羊的饲养管理

羔羊的饲养管理必须从先天发育抓起,并在其不同的生长阶段采取相应的饲养管理措施。

1. 产羔时间的安排　在我国北方较寒冷的地区,产羔时间尽量安排在12月底之前或来年3月份以后。1～2月份气温太低,羔羊容易冻死。

2. 妊娠母羊的饲养管理　加强妊娠后期母羊的饲养管理,此时,不仅要增加精料补充料和优质青干草饲喂量,还要适当增加户外运动量,在分娩前20天注射羔羊痢疾苗,以确保所产的羔羊初生重大,体质健壮,抗病力强,容易管理。

3. 接产　一般来说,湖羊很少出现难产,因此在正常情况下,人们不必过多地干涉,但体况较差和多胎母羊容易出现难产。通常为了保证母羊和羔羊的安全,分娩前应做好接产准备工作。接产人员应随时注意监视母羊的分娩情况,护理好羔羊。

(1)接产前的准备

①接产室的准备。在集中舍饲条件下,应设有接产室或在舍内开辟专用分娩栏,并在使用前进行严格消毒,铺上干燥、清洁的垫草。室内温度应保持在5℃～10℃,温度过低的产房应添置取暖设备。在温暖的产房内产羔,可以降低羔羊的死亡率,并对下一步的羔羊早期培育也十分重要。

②待产母羊的处理。将有分娩征兆的母羊放入接产室,每只母羊应占有2米^{2}的面积。产前母羊可饮淡盐水或喂给麸皮等轻泻性的饲料。

③接产用具的准备。产羔期间应备好产箱,箱内应备有碘酊、

药棉、线绳、剪刀、毛巾、纱布条等。

④接产人员的准备。接产人员应受过专门培训,熟悉母羊分娩生理规律。

⑤待产母羊的观察。母羊临产前表现为:乳房肿大,乳头挺立饱满;阴门肿胀潮红,有时流出浓稠黏液;肷窝下陷,行动困难,排尿次数增多;起卧不安,不时回顾腹部或喜卧墙角,卧地时两后肢向后伸直。

(2)*接产方法* 湖羊正常分娩时,羔羊在羊膜破后半小时之内就能产出,两前肢及头部先出,且头部紧靠在两前肢上面。产双羔或多羔的母羊通常间隔几分钟甚至半个小时后产出另一只羔羊。羔羊出生后,接产人员迅速将羔羊的口腔、鼻腔里黏液掏出擦净,以免吞咽羊水引起窒息或异物性肺炎,并用浓碘酊对脐带断口进行浸蘸消毒,然后让母羊舔干羔羊。如遇到寒冷天气或者母羊产多羔,接产人员可用毛巾擦干羔羊,称重后放回母羊身边,让其尽早吃上初乳。对放牧羊群在寒冷季节所产的羔羊,应迅速擦干羔羊身体,用接羔袋背回接羔室放入母子栏内,并在栏内垫上棉絮、稻草或放置保温板,以防止羔羊冻死。

4. 助　产

(1)*助产准备* 当母羊出现分娩征兆后,注意做好助产准备工作,接产人员要剪短指甲、洗净手臂并进行消毒。有条件的可戴上长臂乳胶手套,观察母羊分娩进程,检查胎位是否正常,并将羊外阴部清洗干净并予以消毒。

(2)*助产方法* 因初产母羊骨盆和阴道狭小或因母羊体质较差而无法正常产出羔羊时,需要进行人工助产。具体方法是:用膝盖轻压母羊肷部,等羔羊嘴端露出后,一手向前推动母羊会阴部,另一只手握住羔羊前肢,随着母羊的努责向后下方拉出胎儿。如果遇到胎位不正,可先将胎儿露出部分推回子宫,再将母羊后躯抬高,伸手入产道,矫正胎位,随着母羊努责,拉出胎儿。胎儿过大时，可将胎儿两前肢反复拉出和送入，然后拉出。

(3)助产时应注意事项

①在矫正和牵引过程中，一定要分清羔羊的前后肢或双羔不同胎儿的前后肢。必须保证所牵引的是同一胎儿的前肢或后肢。

②助产过程中，如果发现产道干涩，可向子宫内注入消毒温肥皂水，并在产道内涂上无刺激性润滑油剂，然后再行牵引救助。

③如果确因胎儿过大而不能拉出，可采用剖宫产或截胎术。

④助产完成后，向子宫送入抗生素，并肌内注射缩宫素。

5. 幼羔护理

(1)保持产房温度相对稳定　初生羔羊的体温调节能力较差，对外界温度的变化很敏感。幼龄羔羊一般热调节功能还未发育完善，体脂和糖原的储量少，代偿性的代谢率较低，皮下脂肪薄，每单位体重的表面积较大，其体温也容易受气温的影响。温度过低，可诱发羔羊感冒、肺炎、支气管炎等疾病，严重时，可导致羔羊体温下降，甚至死亡。环境温度过高同样对羔羊的生存和发育有害。羔羊的等热区较狭窄，气温升到 30℃以上时，脉搏和呼吸加快，体温升高，甚至出现死亡。高温、高湿环境有利于病原性真菌、细菌和寄生虫的孳生和繁殖，可使羔羊的抵抗力减弱，发病率和死亡率上升，尤其易患呼吸道和消化道疾病(如肺炎、羔羊痢疾等)。因此，保持产房温度的相对稳定是至关重要的。冬季温度一般保持在 10℃，至少不低于 5℃。

(2)让羔羊尽早吃上初乳　羊初乳含有较常乳多得多的蛋白质、干物质、脂肪以及维生素 A。初乳中所含的具有轻泻作用的镁盐能促使胎粪尽早排除。更重要的是，初乳中含有溶菌酶和抗体，溶菌酶能杀死多种病菌，免疫抗体可抵御各种疾病。因此，羔羊一定要吃初乳。1 周龄之内的羔羊应与母亲同圈，对弱羔、弃羔应通过寻找代理母亲或人工哺乳等办法，使其吃饱，人工哺乳要做到定时、定量，喂给清洁的定温奶。

(3)及时处理假死羔羊

第一,对还有微弱呼吸的羔羊,应立即提着后腿,倒吊起来,轻拍胸腹部,刺激呼吸反射,同时促进排出口腔、鼻腔和气管内的黏液和羊水,并用净布擦干羊体,然后将羔羊泡在温水中,使头部外露。稍停留之后,取出羔羊,用干布迅速擦拭躯体,然后用毡片或棉布包住全身,使口张开,用软布包舌,每隔数秒钟,把舌头向外拉动一次,使其恢复呼吸动作。待羔羊复活以后,放在温暖处进行人工哺乳。

第二,对已停止呼吸的羔羊,在除去鼻孔及口腔内的黏液及羊水之后,将羔羊卧平,用两手有节律地推压羔羊胸部两侧,必要时施行人工呼吸。同时注射尼可刹米、洛贝林或樟脑水 0.5 毫升。也可将羔羊放入 37℃左右的温水中,让头部外露,用少量温水反复洒向心脏区,待羔羊呼吸恢复后取出,用干布擦拭全身。

对已停止呼吸的羔羊,还可采取脐动脉注射法予以促醒。即向脐动脉内注射 10%氯化钙注射液 2～3 毫升。由于脐血管和脐环周围的皮肤上,广泛分布着各种不同的神经末梢网,形成了特殊的反射区,注射氯化钙可引起呼吸中枢的兴奋。

(4)抢救冻僵羔羊　对于因受冻呼吸停止、全身发凉的羔羊,应立即移入温暖的室内,放入装满温水的盆中,水温由 25℃逐渐升至 40℃左右,且不可使水温过高,以免烫伤或热应激过大。在温水盆中且勿使羔羊呛水,直至羔羊体温升至正常,同时结合急救假死羔羊方法,待羔羊恢复体温、呼吸后,取出擦干全身,再用棉被等将羔羊盖住保持体温,并及时喂温度适宜的初乳。如果羔羊受冻时间短,抢救及时,多数羔羊可救活。

(5)断脐带　先用消毒剪刀在距腹部 3～4 厘米处剪断,再用 5%浓碘酊将脐带断端浸泡 3～5 分钟。

(6)及时处理便秘羔羊　胎粪是胎儿胃肠道分泌的黏液、脱落的上皮细胞、胆汁和吞咽的羊水经过消化作用后,残余的废物积累在肠道内形成的。通常羔羊在生后数小时胎粪即能排出体外，如果生后1天排不出胎粪，便是便秘。此病主要见于弱羔。新生羔羊如果发生便秘，可用温肥皂水或油剂灌肠，或灌服蓖麻油、液状石蜡等轻泻剂，也可用手指插入肛门掏出粪块。为了预防羔羊发生便秘，可让其尽快吃足初乳，或将油类灌入直肠。

(7)母子同栏管理　1周龄之内的羔羊应与母亲同栏，对弱羔、弃羔应通过寻找代理母羊或人工哺乳等办法，使其吃饱，同时注意运动锻炼。

6. 人工哺乳　羔羊在7周龄前，瘤胃功能还不健全，营养来源主要是羊奶，羔羊每昼夜的吮乳量以不低于体重的16%为宜。湖羊属于高繁殖力品种，有近40%的适繁母羊产多羔，尤其是产四羔、五羔的母羊身体消耗严重，奶水不足，羔羊需要进行人工哺乳。

(1)哺乳用奶　人工哺乳最好用羊奶，其次是牛奶、脱脂奶或代乳品。

(2)哺乳方法　羔羊人工哺乳最好采用哺乳器饲喂法，让羔羊抬头吮取，使乳汁经过由瘤胃、网胃壁的内膜折叠形成的食道沟直接进入皱胃。如果用饮水方式哺乳，羔羊不是抬头而是低头，这种姿势不利于食道沟的闭合，常常会使乳汁进入瘤胃而不是绕过瘤胃进入皱胃，乳汁在瘤胃中的消化吸收效率比在皱胃中差。羔羊人工哺乳还要做到五定：

第一，定时。合理安排昼夜哺乳时间。1月龄内羔羊，每3小时喂1次；1月龄后，可减至每日3～4次，但要适当增加每次的饲喂量，断奶前可减至每日1～2次。

第二，定量。羔羊的喂量以满足营养需要为前提，过多可引起消化不良，甚至腹泻，过少则营养不足，影响羔羊的生长发育。初期每只羔羊每次喂250克左右，可根据个体、运动量和年龄大小酌情增减。一般说来，每昼夜的哺乳量以不低于体重的16%为宜。

第三，定温。人工哺喂的奶温应接近或稍高于母羊体温为宜，即以 38℃～42℃较好。

第四，定质。哺喂羔羊的奶汁要求新鲜、清洁，以刚挤出的鲜奶最好。对于低温保存的奶品，喂前应进行加温和搅拌，使乳脂混合均匀。

第五，定期消毒。为了防止疾病发生，每次哺喂的用具，必须用清水冲洗干净，每隔 2 天用沸碱水消毒 1 次或置于紫外线灯下照射 1 小时。

7. 常乳期羔羊的饲养管理 这个阶段羔羊的管理主要是锻炼其生存能力。除了注意圈舍温度和湿度外，还要注意运动和环境卫生管理，防止疾病发生。

(1)早开食，注意肠胃锻炼 羔羊较早地采食饲料可刺激胃肠蠕动，促进胃肠发育。因此，羔羊 7～10 日龄就可以喂容易消化的优质青干草或开食料。10～15 日龄开始喂容易消化的配合料或代乳料，配合料的组成应以炒黄豆、炒麸皮、玉米等原料为主，添加1%左右的食盐和矿物质添加剂，任其自由采食，禁止饲喂菜籽粕、胡麻仁粕、棉籽粕等。40 日龄以后，可逐渐增加精料补充料或全混合颗粒料的饲喂量，同时自由采食苜蓿等优质青干草。

(2)多运动，注意体质锻炼 羔羊喜运动，运动也可以提高羔羊的健康水平。因此，羔羊舍外要有运动场，每天驱赶羔羊到运动场运动，即使在寒冷的季节，也要让羔羊有机会到舍外运动和晒太阳，运动量不宜太大，更不能进行剧烈运动。

(3)注意饮水供给 羔羊圈舍要放置清洁饮水，任其自由饮用。羔羊仅靠奶中获得的水分极其有限，而且随着年龄的增加，对水的需求量会越来越大，尤其是炎热的夏季，羔羊不能缺水，否则食欲下降，血液循环和体温调节不能正常进行，生长受阻，甚至死亡。羔羊冬天饮水应加温至 10℃～20℃，不能饮冰冷水。

(4)注意环境卫生 一是要注意圈舍地面和空气卫生。羔羊舍要及时清理粪便等垃圾，不要乱扔塑料袋、玻璃碴；二是要定期对地面进行喷雾消毒，防止病菌繁殖。地面干净也是保持空气清洁的主要措施，如粪便及时清除可减少空气中氨的含量，清扫圈舍时，最好将羔羊赶至另一圈舍或运动场，防止羔羊吸入更多的灰尘颗粒，引起呼吸道疾病；三是注意饲料和饮水。首先要确保来源干净，其次是贮存和使用要得当。饲料要贮存在干燥处，防止霉变。饮水不要久存或暴晒，防止污染。饲料和饮水都要少添、勤换，容器要经常清洗。

(5)戴永久耳标　羊常用的是长方形塑料耳标。佩戴前可用特制的耳号笔写上羊号，也可让厂家直接用激光打印上。佩戴时，用打孔钳将耳标装订在耳基下部，公羊耳标一般佩戴在左耳，母羊耳标佩戴在右耳。打孔时，应避开血管，并用碘酊消毒。生产中常用的编号方法是：第一、第二个字母为羊场的缩写字符，其次为出生年号，再次为个体号。公羔为单号，母羔为双号。例如，在元生羊场 2012 年出生的第二只公羔可编为 YS 120003。

(6)补硒　在缺硒地区，羔羊生出后 1～2 周内应注射亚硒酸钠-维生素 E 注射液（参照说明书），以后每 1～2 个月注射 1 次或在配合饲料中添加含硒微量元素添加剂。

(7)去势

①公羔去势。公羔去势后，性情温驯，便于管理。养殖户可根据市场的需求，决定是否对非留种公羔进行去势。常用的去势方法有阉割法和结扎法两种。

第一，阉割法。采用阉割法去势最好在羔羊 2～3 周龄时选一晴天进行。由一人固定住羔羊的四肢，并使其腹部向外。另一人将阴囊上的毛剪掉，并在阴囊下 1/3 处消毒，然后用消毒好的手术刀将阴囊下部切开，挤出睾丸，慢慢捻断血管和精索，伤口处涂上消毒碘酊即可。

第二，结扎法。较适合 1 月龄左右的羔羊。结扎时，术者左手握紧阴囊基部，右手撑开橡皮圈将阴囊套入，反复扎紧以阻断下部的血液流通。约经15天，阴囊连同睾丸自然脱落。此法在结扎后，要注意检查，以防止胶圈断裂或结扎部位发炎、感染。一般情况不会出现感染，一旦发生感染，及时去掉橡皮圈并对伤口进行处理，待结扎部位完全恢复后再行结扎。

②母羔去势。去势母羔生长发育快，肉质鲜嫩，肌间脂肪分布均匀，膻味小。母羔去势时，先在乳房一侧剃毛、消毒，用手术刀做一个长约2～3厘米的垂直切口，食指伸进腹腔，向肷窝方向寻找子宫角和卵巢，缓慢地将其拉出，先结扎卵巢基部，再沿结扎处前端约0.5厘米处完全切除卵巢。将子宫复位，并进行常规缝合。

8. 断奶管理 羔羊大约到7周龄时，瘤胃发育完全，才能较好地消化粗饲料。因此，在这之前断奶的羔羊仅靠采食粗饲料无法获得足够的营养。羔羊的自然断奶大约是在4月龄时，但在良好的饲养管理条件下，湖羊羔羊50日龄时体重便可达到15～20千克。为了加快羊群繁殖速度，商品肉羔此时即可断奶，而计划用于繁殖的后备羔羊最好在50～60日龄断奶。从计划断奶开始，逐渐减少哺乳次数，从每天的2～3次逐渐减到每天1次。经过1～2周的适应锻炼，再彻底断奶。羔羊断奶后，必须给予特别关照，除了供给一定量的易消化全价配合饲料外，还要供给足够的优质青干草和清洁饮水，任其自由采食和饮用。

(二)育成羊的饲养管理

育成羊是指羔羊断奶后到第一次配种的羊。刚断奶的羊应当单独组群放牧或舍饲，为了保证其正常生长，需要继续补充精料，并给予特别关照，可选择繁茂的草场放牧。在冬、春季节，除放牧采食外，还应适当补充青干草、青贮饲料或块根块茎饲料。育成羊处于生长发育阶段，饲养管理不善不仅要影响羊只的生长发育和性成熟，而且可能使其失去种用价值。如日粮中长期缺乏钙、磷或钙、磷比例失调或维生素D不足，不仅影响生长，而且易出现佝偻病。维生素A不足，则出现皮肤组织角质化，神经系统退化，性功能不良，易感染疾病等。运动量不足也影响其健康发育。因此，必须给予足够的营养保障和适当的运动锻炼。

（三）母羊的饲养管理

1. 妊娠母羊的饲养管理

（1）加强营养　母羊妊娠前3个月，胎儿发育较慢，营养的需要量无明显增加，但饲料质量要好。在良好的放牧条件下，如果能适当延长放牧时间，保证羊日食3个饱，可以不补饲或者补饲少量精料和青干草。舍饲母羊尽可能饲喂一定量的青绿饲料或青干草，同时饲喂0.2～0.3千克精料补充量或0.5～0.6千克全混合颗粒料。母羊妊娠后2个月为妊娠后期。这一阶段，胎儿发育较快，羔羊初生重的80%～90%是在这一阶段完成的，因此对妊娠后期母羊不仅要饲喂足够的蛋白质饲料，还要注意钙、磷及其他矿物元素和脂溶性维生素的补充，尤其是对多羔母羊更要注意营养的合理搭配和补充。如果母羊缺乏营养，会出现流产、死胎、羔羊初生重小、成活率低或母羊产后瘫痪、缺奶等现象。对于放牧羊群，这一阶段除了抓好放牧管理外，还应补饲0.4～0.6千克混合精料，夜间补饲优质青干草，任其自由采食。舍饲羊群更应该精心管理，青干草应以优质豆科牧草为主并能实现多样化和自由采食，精料补充料的饲喂量应则根据青干草的质量和饲喂量而定，一般为0.5～0.6千克。如果缺乏优质青干草（如苜蓿干草），每日应补胡萝卜1千克左右。对怀多羔母羊，还应适当增加精、粗饲料饲喂量。

（2）重视日常管理

①供给足够的清洁饮水，保证其自由饮水，严禁饮用冰冻水。

②严禁饲喂冰冻、霉变、品质低劣的饲料。

③严禁剧烈运动和出入圈门时拥挤。

④保持圈舍清洁、干燥、通风良好，阳光充足，冬暖夏凉。

⑤保持饲养条件的相对安静与稳定性。

(3)禁止使用的药物

①对胚胎有一定毒副作用的抗生素。链霉素、三甲氧苄氨嘧啶以及磺胺类药物对胚胎都有一定的毒性和致畸作用,禁止使用。

②抗寄生虫类药物。大多数抗寄生虫类药物对胚胎有一定毒害作用,如生产中常用药物丙硫苯咪唑具有抗有丝分裂作用。在胚胎发育期给妊娠动物用药,可诱发胚胎毒性和致畸效应。碘醚柳胺对反刍动物肝片吸虫和血矛线虫病具有很高的疗效,而且毒性小、作用持久。但近年来研究发现,碘醚柳胺可给受胎动物的胚胎有明显的毒性,高剂量使用会影响胎儿的发育,对人也可能产生间接影响。因此,母羊在配种期、妊娠期、泌乳期及屠宰前禁止使用对胚胎有一定的毒副作用的抗菌素和驱虫类药物。

③平滑肌兴奋药和激素类药物。这类药物可引起流产,激素类药物(如前列腺素具有溶解黄体作用)可使胚胎失去生存的环境,催产素可刺激子宫分泌前列腺素 F2α 而引起黄体溶解。

④镇静药。镇静药(如鲁米钠、安定等)可引起早期胎儿多种畸形。母羊在妊娠期也应禁用这类药物。

(4)禁止接种的疫苗　疫苗作为抗原,被接种进入羊体后,被吞噬细胞所吞噬,同时也激活吞噬细胞,产生和释放内生性致热原,使母羊体温上升,即发热。发热可致妊娠早期胚胎变性、死亡。母羊妊娠前期不能接种疫苗,妊娠中期和后期可以接种反应较轻的组织灭活苗,如在产羔前 20 天左右可接种羔羊痢疾疫苗。

2. 产后母羊的护理

(1)检查胎衣　检查胎衣是否完整、有无病变。

(2)产圈保持干燥与安静　冬季产圈的温度应保持在 10℃以上,而且要求干燥、无贼风,环境安静,使母羊得到较好的休息。

(3)加强母羊护理工作　母羊产后 1～2 小时,可饮用加少许食盐和麸皮的温水、米汤或豆浆。切忌饮冷水,3 天之内饲喂质量好、易消化的青干草，减少精料喂量，以后逐渐转变为饲喂正常饲料。在此期间，要仔细检查母羊的乳房有无异常或硬块，发现问题及时解决。

3. 哺乳母羊的饲养管理　母羊产后第一周，因为体质较弱，消化功能尚处于恢复期。而且羔羊较小，需要的奶量不多。因此，日粮应以优质青干草为主，逐渐恢复精料饲喂量，一周后恢复到原来的营养水平。此后，随着羔羊哺乳量的增加，可渐渐增加营养全面的精料补充料、青绿牧草和多汁饲料。如果母羊膘情较差，乳汁不足，还加喂熟豆浆、糯米粥等，使母羊在产后 1 个月（哺乳前期），泌乳量达到高峰。在此期间，应对产双羔和产多羔母羊予以特别照顾，每只母羊可多增加精料补充料 0.3～0.4 千克、优质青干草 0.5～0.6 千克。到 1～1.5 个月以后，羔羊可以采食较多的植物性饲料，母羊的产奶量逐渐下降，精料补充料也可随之降低，增加日粮青干草的比例。

（四）种公羊的饲养管理

1. 种公羊的体质要求　种公羊要求常年保持中上等膘情，健壮的体质、充沛的精力。种公羊的饲料首先要求营养全面，适口性好，容易消化，精、青、粗搭配适当，蛋白质的生物学价值高。饲料成分要保持相对稳定，使瘤胃中的各种微生物正常活动不受破坏，羊只能更好地吸收和利用饲料营养，保持良好的体况。

2. 种公羊的日粮搭配　种公羊的日粮应当是精粗搭配，不宜饲喂过量的能量饲料，以免过肥。富含蛋白质的精料是种公羊的良好饲料，有利于精液的生成。但蛋白质饲料属于生理酸性饲料，喂量过多易在体内产生大量有机酸，对精子的形成反而不利。青贮饲料属于生理碱性饲料，但本身含有大量有机酸，多喂同样有害。因此，在日粮搭配上，要保证优质豆科干草的给量，控制玉米青贮喂量。维生素、食盐和钙、磷等矿物质元素对于促进公羊消化功能、维持食欲和精液品质也很重要，必须按量供应。

种公羊日粮必须根据季节温度的变化进行调整。在寒冷的季节需要较高的能量饲料；而在炎热的夏季，日粮中的能量、蛋白质及干物质的摄入量都应适量减少。日粮应由高质量的禾本科、豆科干草、块根（最好是胡萝卜）以及少量青贮饲料组成。

3. 种公羊的管理

(1)采精训练　种公羊在配种前1～1.5个月要开始增加精料喂量并进行采精训练，同时检查精液品质。开始1周采精1次，以后增加到1周2次，到配种时每天可采1～2次，1.5岁种公羊，每天采精1～2次，2岁以上的成年公羊每天可采精3～4次，每周休息1～2天。公羊在采精前不宜吃得过饱，以免影响采精效果。

(2)运动　种公羊还要注意保健运动。饲养人员除了经常给公羊修剪蹄甲、梳理被毛、按摩睾丸外，还要定时驱赶公羊运动，舍饲公羊每日驱赶运动时间不低于2小时左右（早、晚各1小时），以保持旺盛的精力。

四、羔羊育肥

羔羊生长发育快，对植物蛋白的利用率比成年羊高0.5～1倍，当年羔羊当年上市，羊肉质量高，生产成本低。因此，生产中通常以羔羊育肥为主。

(一)育肥方法

羔羊育肥通常分为直线育肥和分段育肥2种。

1. 直线育肥　是指断奶羔羊直接进入育肥场，即羔羊从断奶到育肥结束，都饲喂高营养育肥日粮，并给予精心管理，没有明显的阶段性。其优点是：羔羊增重快，育肥时间短，饲料报酬高，胴体品质好，6月龄前即可上市。

2. 分段育肥　是指羔羊断奶过后，先进行放牧饲养或进入舍饲养殖，待到秋末或冬初，羔羊体格发育达到一定程度后再进行育肥。

（二）育肥前的准备

1. 健康检查　通过现场检查，确认无病并经过驱虫、疫苗接种或去势的羊方可进行育肥。

2. 称重　以便与育肥结束时的称重进行比较，检验育肥的效果和效益；

3. 按月龄和体重组群　不同月龄、体重羔羊应分别组群，因为羔羊大小不一、强弱不均，采食的一致性差，不利于提高整体肥育效果。因此，在肉羊生产中，最好采取分批同期发情处理技术，使适繁殖母羊能集中发情、配种，分批集中产羔，以便羔羊集约化肥育，分批供应市场。

4. 进行适应性饲养　羔羊组群后，必须有一个适应性饲养阶段，才能开始肥育。一般经过1～2周的训练，待羊只完全合群并习惯采食育肥饲料后再正式开始育肥。

（三）影响羔羊育肥效果的因素

影响羔羊育肥效果的因素很多。主要有：品种、营养水平、饲料类型、年龄、性别和季节等。单从性别看，育肥速度最快的是公羊，其次是羯羊，最后为母羊。阉割影响羊的生长速度降低，但可使脂肪沉积率增强。另外，羔羊最适生长温度为20℃～25℃，最适季节为春、秋两季。天气太热或太冷都不利于羔羊育肥。

（四）育肥羔羊的饲养管理要点

1. 饲料原料多样化　要求饲料多样化，适口性好，营养物质丰富，以全混合日粮为佳。

2. 饲喂定时定量 饲喂要定时定量，少喂勤添。如果采用传统的育肥方法，精料饲喂量应根据羊的年龄、体重和粗饲料质量而定，青干草尽量任其自由采食。做到三先三后一足，即先草后料，先喂后饮，先拌(料)后喂，饮水要充足。舍饲日粮的供给可利用草架和饲槽分别给予的方式，要先喂适口性差的饲料，后喂适口性好的饲料，以免浪费。

3. 保证饲料品质 做到水、草、料、饲喂用具及圈舍干净与卫生。

4. 提供良好的饲养环境 有一定的饲养和活动场地，冬有圈，夏有棚，而且通风、卫生、安静。

5. 保持饲料稳定 育肥期内，尽量避免更换饲料。

(五)肉羊生产效果评定指标

1. 出栏率 指当年肉羊出栏数占年初存栏数的百分率。反映肉羊生产水平和羊群周转速度。

$$肉羊出栏率(\%)=\frac{年度内肉羊出栏数}{年初肉羊存栏数}\times 100\%$$

2. 肉羊生产力测定指标

(1)胴体重 指屠宰放血后，剥去毛皮，除去头、内脏及前肢膝关节和后肢趾关节以下部分后，整个躯体(包括肾脏及其周围脂肪)静置 30 分钟后的重量。

(2)净肉重 指用温胴体精细剔除骨头后余下的净肉重量。要求在剔肉后的骨头上附着的肉量及耗损的肉屑量不超过 300 克。

(3)屠宰率 指胴体重占羊屠宰前活重(宰前空腹 24 小时)的百分率。

$$屠宰率(\%)=\frac{胴体重}{宰前活重}\times 100\%$$

(4)净肉率　指胴体净肉重占宰前活重的百分比。胴体净肉重占胴体重的百分比则为胴体净肉率。

$$净肉率(\%)=\frac{净肉重}{宰前活重}\times100\%$$

$$胴体净肉率(\%)=\frac{净肉重}{胴体重}\times100\%$$

(5)骨肉比　指胴体骨重与胴体净肉之比。

(6)眼肌面积　指倒数第一与第二肋骨之间脊椎上眼肌(背最长肌)的横切面积。眼肌面积与产肉量呈高度正相关。测定方法是:用硫酸绘图纸描绘出眼肌横切面的轮廓,再用求积仪计算出面积,如果没有求积仪,可用下面公式估测:

$$眼肌面积(厘米^2)=眼肌高度(厘米)\times眼肌宽度(厘米)\times0.7$$

(7)GR 值　指在第十二与第十三肋骨之间,距背脊中线 11 厘米处的组织厚度,是胴体脂肪含量的标志。GR 值(毫米)与胴体膘分的关系是:0～5 毫米,胴体膘分为 1(很瘦);6～10 毫米,胴体膘分为 2(瘦);11～15 毫米,胴体膘分为 3(中等);16～20 毫米,胴体膘分为 4(肥);21 分以上,胴体膘分为 5(极肥)。我国制定的羊肉质量分级标准(NY/T 630－2002)中,将 GR 值称为肋肉厚。

(六)胴体分割

羊胴体大致可以分成八大块,见图 6-1。

这八大块可以分成 3 个商业等级:属于第一等的部位有肩部和臀部,属于第二等的有颈部、胸部和腹部,属于第三等的有颈部切口、前腿和后小腿。

切块时,先将胴体从中间分成两片,各包括前躯肉和后躯肉两部分。前躯肉和后躯肉的分切界限,是在第十二与第十三肋骨之间,即在后躯肉上保留一对肋骨。前躯肉包括肋肉、肩肉和胸肉,

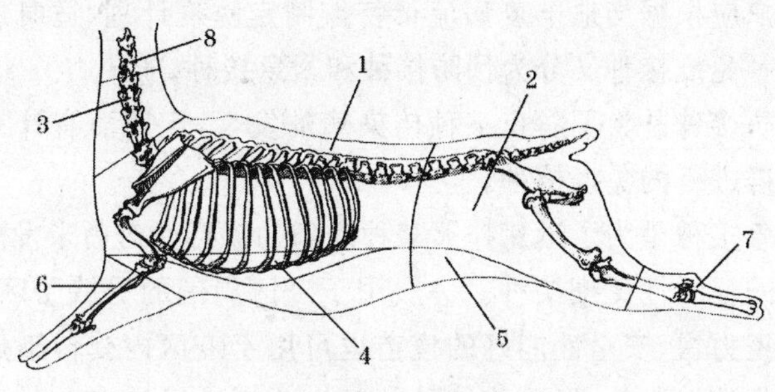

图 6-1 胴体分割

1. 肩背部 2. 臀部 3. 颈部 4. 胸部
5. 腹部 6. 前腿 7. 后小腿 8. 颈部切口

后躯肉包括后腿肉、腰肉。

后腿肉:从最后腰椎处横切。

腰肉:从第十二对与第十三对肋骨之间横切。

肋肉:从第十二对肋骨处至第四与第五对肋骨间横切。

肩肉:从第四对肋骨处起,包括肩胛部在内的整个部分。

胸肉:包括肩部及肋软骨下部和前腿肉。

腹肉:整个腹下部分的肉。

五、湖羊的保健管理

(一)免疫接种

免疫接种是通过接种疫(菌)苗、类毒素等生物制品使羊产生自动免疫的一种手段,也是预防和控制羊传染病的重要措施之一。由于生物制品种类不同,采用皮下、皮内、肌内注射或饮水等不同的接种方法。目前,国内外虽然没有统一的羊免疫接种程序,各羊场与农户应根据当地羊疫病流行特点制定防疫计划，适时进行免疫接种。免疫接种又分为预防接种和紧急接种。

预防接种是为了防止某种传染病的发生，定期而有计划地给健康羊群进行的免疫接种。

紧急接种是为了迅速扑灭某种疫病的流行而对尚未发病的羊群进行的临时性免疫接种。一般用于疫区周围的受威胁区，有些产生免疫力快、安全性能好的疫苗也可用于疫区内受传染病威胁而未发病的健康羊，但不能接种处于潜伏期的已感染羊。已感染羊接种疫苗后不但不能获得保护，反而发病更快。羊群常用的疫苗和使用方法见表6-1。

表6-1　绵羊常用疫苗及其使用方法

疫苗名称	预防的疫病	接种方法和说明	免疫期
布鲁氏菌病猪型2号弱毒菌苗	布鲁氏菌病	臀部肌内注射1毫升。阳性羊、3月龄以下的羔羊和妊娠羊均不能接种	1.5年
羊快疫、羊猝狙、肠毒血症三联苗	羊快疫、羊猝狙和肠毒血症	羊不论年龄大小，一律肌内注射5毫升。14天产生免疫力，此时，再加强注射1次	6个月
山羊传染性胸膜肺炎氢氧化铝疫苗	丝状支原体引起的山羊传染性胸膜肺炎	6月龄以下山羊皮下注射3毫升，6月龄以上注射5毫升。14天后产生免疫力，仅限于疫区使用	1年
绵羊痘鸡胚化弱毒苗	绵羊痘	用生理盐水稀释后，不论羊年龄大小，一律皮下注射0.5毫升。6天后产生免疫力	1年
A,O型鼠化弱毒疫苗	口蹄疫	4～12月龄绵羊肌内或皮下注射0.5毫升，12月龄以上羊注射1毫升	4～6个月

羔羊年龄太小，免疫应答器官尚未发育成熟，不但不能产生很好的免疫应答，而且会出现严重的不良反应。因此，4月龄前的羔羊应尽量避免接种那些反应较重的疫苗，如口蹄疫灭活疫苗，如果

确需注射,可采取分点注射的办法。羔羊可接种反应较轻的弱毒苗,16～18 日龄可接种“羊口疮弱毒细胞冻干苗”,20～30 日龄可接种“羊三联四防疫苗”。

由于疫苗通常在接种后 2 周左右才能产生抗体,而羔羊痢疾通常发生在出生后 1～2 周的羔羊,如果给羔羊注射羔羊痢疾苗,就无法达到预防效果。因此,羔羊痢疾氢氧化铝菌苗是用于妊娠母羊,即在母羊分娩前 20～30 天和 10～20 天时各注射 1 次,羔羊通过吃奶获得被动免疫,免疫期可达 5 个月。因此,羔羊不需要接种羔羊痢疾苗。但羔羊通过母羊获得的被动免疫效果也不尽相同,如绵羊、山羊母羊在妊娠后期接种痘苗只能使羔羊在出生后 10～20 天内获得靠母源抗体的保护,但不能使羔羊在整个哺乳期都获得保护。因此,羔羊仍应接种羊痘苗。

(二)驱　虫

寄生虫是危害养羊业的重要疾病,定期驱虫可以有效地防止营养耗失,可以避免羊在轻度感染后的进一步发展而造成严重危害。

1. 内寄生虫的驱除　羊群驱虫通常是指内寄生虫驱除。目前对我国西北地区绵羊危害性较大的内寄生虫是绦虫、胃肠道线虫、肝片吸虫和焦虫等。

(1)*驱虫方法*　驱除方法分为预防性驱虫和治疗性驱虫两种。预防性驱虫是在发病季节到来之前,用药物给羊群进行驱虫,一般在每年春季及秋季配种前各驱虫 1 次;而治疗性驱虫一般根据羊群粪便的检查情况或对死羊的解剖结果,依感染轻重对症驱虫。根据不同寄生虫病流行病学特点、生活特性选用不同的抗寄生虫药物进行驱虫。羊群驱虫不是例行公务,不管是预防性驱虫还是治疗性驱虫,最好能在对粪便虫卵检测的基础上进行。如果经过检测,确认某一羊群没有感染寄生虫,就没有必要在这一时期对羊群进行驱虫。因此，定期检测是至关重要的。

驱除不同种类的寄生虫所用的药物不一样。如左旋咪唑可驱除多种线虫，吡喹酮可驱除多种绦虫和吸虫 阿苯哒唑、芬苯哒唑、甲苯咪唑能驱除多种蠕虫，伊维菌素和碘硝酚既可驱除体内线虫，又可杀灭多种体表寄生虫。

(2)驱除时间　研究人员认为，羊群在冬季驱虫效果最好，春季驱虫效果较差。由于因为虫卵在低于4℃和高于40℃时发育停止。冬季驱虫可全部驱出秋末初冬感染的所有幼虫和少量残存的成虫；驱出体外的成虫、幼虫和虫卵在低温状态下很快死亡，不可能发育为感染性幼虫，不造成环境污染，并可阻断寄生虫的发育史，使驱虫后的羊只在相当长的一段时间内不会再感染虫体，或感染量极少，这样就可有效地减少寄生虫的危害，达到无害驱虫的目的。春季寄生虫处于快速发育期，可对羊只造成严重危害(春乏死亡)。而且羊体内寄生虫已发育成熟，并开始排卵，污染环境，驱虫后可造成羊只再次感染。秋季驱虫同样达不到理想效果，因为这时羊群仍然在草地上放牧，虫卵排在草地上，羊在采食牧草时会将虫卵吃下，也会造成再次感染。各羊场和农户可根据自己的羊群繁殖情况决定驱虫时间，但最好在羊群开始配种前完成。

(3)驱虫时应注意的问题

第一，驱虫和接种疫苗不能同时进行。其原因之一是羊应激严重，易出现免疫麻痹；原因之二是驱虫药影响免疫效果，如伊维菌素对羊免疫活性系统有抑制作用，而且可持续6周之久。因此，注射伊维菌素的羊应当在间隔1.5～2个月后，方可接种疫苗。

第二，驱虫药通常都具有抗药性，需要经常变换。

第三，绦虫病应间隔10天左右进行第二次驱虫。

2. 外寄生虫的驱除

(1)驱除方法　当羊体局部出现疥癣等皮肤病时，可用1%～2%敌百虫溶液、硫磺合剂(硫磺+食用菜油)涂擦患部，也可在皮下注射虫克星或阿福丁(阿维菌素)等。如果疥癣面积较大或感染了虱子,涂抹药物对羊的伤害较大,宜通过注射药物予以治疗。药浴可以杀灭虱子,但对疥癣效果较差。药浴是预防羊螨病及其他体表寄生虫的主要方法,可选用0.5%~1%敌百虫溶液,利用药浴池、大锅或大缸进行药浴,也可采用高压喷枪喷雾的办法,要根据羊的数量、被毛厚度和场内设施条件而定。每次药浴1~2分钟即可。但必须让药液浸透羊全身,临近出口时应将羊头按入药液内1~2次。

(2)驱除时间　各羊场和农户必须在春、秋两季对羊群进行1次药浴。药浴要选择晴朗的天气,绵、山羊分别在剪毛和抓绒后7~10天进行,对新购进羊只,应尽早进行药浴,以防带入病原。为了提高药浴效果,间隔7~8天可再进行1次。

(3)药浴时应注意事项

第一,妊娠母羊不宜药浴。

第二,药浴前8小时停止放牧或饲喂,药浴后6~8小时方可喂料或放牧。

第三,入浴前2~3小时让羊饮足水,以免入池后误饮药液。

第四,先让健康羊药浴,后让患病羊药浴。

(三)日常保健管理

1. 修蹄　蹄是动物皮肤的衍生物,不断生长,所以要经常修剪。长期不修剪,蹄甲过长,不仅影响行走,而且会引起蹄病,使蹄尖上卷、蹄壁裂开、四肢变形,甚至给采食带来极大不便。严重时,公羊不能配种,失去种用价值;母羊妊娠后期行动困难,常呈躺卧姿势,影响采食,也影响腹内胎儿的正常发育。羊的修蹄工作最好在雨后进行,这时蹄质变软,容易修理。修蹄时,先将羊固定好,术者用左腿夹住羊的肩部,左手握蹄,右手持刀,从左前肢开始修剪,先去掉蹄底污物,并用果树剪将生长过长或变形的蹄甲剪去,再用利刀或专用修蹄刀将蹄甲边缘修整到和蹄底一样平整、光滑。修蹄时动作要准确、有力，一层一层地往下切削，不可一次修剪过深而伤及蹄肉。修好的蹄子，底部平整，形状方圆，羊只站立端正。已经变形的蹄子，需要经过几次修理才能矫正，不可操之过急。舍饲羊群每2～3个月就要修1次蹄。

2. 运动　在原产地，湖羊常年饲养在没有运动场的棚圈里，其实这种做法是不合理的。大家都知道，生命在于运动。适当的运动可以促进羊的新陈代谢，增强体质，提高抗病力，增进食欲，促进消化吸收。哺乳期羔羊适当运动不仅可以增加食欲，帮助消化，还有利于提高成活率和生长率，减少腹泻病的发生。青年羊适当运动，有利于骨骼的发育。运动充足的青年羊，胸部开阔，心、肺发育好，消化器官发达，体格高大。母羊妊娠前期适当运动，可以促进胎儿的生长发育。妊娠后期坚持运动，可以预防难产。产后适当运动，可以促进子宫提前复位。肉羊适当运动，可以增强心脏功能，减少心脏疾病发生。种公羊适当运动，则性欲旺盛，受胎率提高。无放牧条件的羊群每天应进行2小时以上的驱赶运动。但羊群的运动量并不是越大越好。运动量过大，体能消耗严重，影响生长速度，剧烈运动还可致羊死亡。

3. 消毒　消毒的目的是消灭传染源散播到环境中的病原微生物，切断传播途径，防止疫病传播。羊场应建立可行的消毒制度，定期对羊舍用具、地面和粪便污水等进行消毒。

(1)羊舍消毒　羊舍消毒常用的药有：①各种用具、饲槽和人手等消毒可用3%来苏儿溶液或0.5%过氧乙酸溶液。②圈舍消毒可用2%火碱(氢氧化钠)、2%福尔马林、10%～20%石灰乳、10%漂白粉、3%来苏儿或5%草木灰溶液。火碱有腐蚀性，消毒圈舍时应将羊赶出圈外，隔半天后用清水洗净饲槽、地面后方可让羊进圈。

消毒时，先清扫，然后按每平方米1升消毒液向地面、墙壁和天花板喷洒消毒液。产房应在产羔前、中、后期进行多次消毒;病羊舍入口应有消毒池或浸有消毒液(2%～4%氢氧化钠等)的麻袋片或草垫。

(2)运动场消毒　可用含 2.5%有效氯的漂白粉溶液、4%福尔马林或 1%氢氧化钠溶液喷洒消毒。

(3)粪便污水消毒　主要采用生物热消毒法,即离羊舍 100 米以外把粪便堆积起来,上面覆盖 10 厘米厚的沙土,发酵 1 个月后即可。污水应引入污水处理池,加入漂白粉(或生石灰)进行消毒。消毒药用量视污水量而定,一般每升污水用 2～5 克漂白粉。

第七章 繁殖技术

对一个肉羊品种来说，即使体型外貌和产肉性能都很理想，如果繁殖力不高，其饲养地域、社会价值、发展前景就会受到限制。繁殖力是人们在确定肉羊经营方式、制订生产计划时必须考虑的因素。

一、湖羊的繁殖表现

在正常饲养管理条件下，湖羊母羔 4 月龄体重可达到成年母羊体重的 70%～80%，5～6 月龄性成熟，7～8 月龄就可发情配种。公羊 10 月龄可参加配种。初产母羊平均产羔率可达到 204%，其中产双羔和多羔母羊分别达到 34%和 33%。经产母羊平均产羔率达到 260%以上，而且在羔羊断奶后 20～30 天，便进入第二个繁殖周期，平均每只适繁母羊每年可向社会提供断奶羔羊 3.5 只以上。因此，湖羊属于高繁殖力早熟品种。

二、繁殖力评定指标

繁殖力是指公、母羊的生殖能力。它包括受配率、繁殖率、受胎率、产羔率、羔羊成活率和繁殖成活率。这些指标受遗传因素和环境条件的影响，对养羊业生产水平和养殖效益有直接影响。尤其是母羊的繁殖力，是人们在确定经营方式、制订生产计划时必须考虑的因素。

二、繁殖力评定指标

(一)受配率

受配率是指本年度内参加配种的母羊数占群体内适繁母羊数的百分率。主要反映羊群内适繁母羊的发情与配种情况。

$$受配率(\%)=\frac{配种母羊数}{适繁母羊数}\times 100\%$$

(二)繁殖率

繁殖率是指本年度内出生的羔羊数占上年末存栏的适繁母羊数的百分率。反映羊群在一个繁殖年度的增值效率。

$$繁殖率(\%)=\frac{本年度产羔数}{上年度末存栏适繁母羊数}\times 100\%$$

(三)受胎率

受胎率是指本年度内配种后妊娠母羊数占参加配种的母羊数的百分率。受胎率又分为总受胎率和情期受胎率两种。

1. 总受胎率 是指本年度受胎母羊数占参加配种母羊的百分率。反映配种母羊群受胎母羊的比例。

$$总受胎率(\%)=\frac{受胎母羊数}{配种母羊数}\times 100\%$$

2. 情期受胎率 是指在一定期限(一个情期)内受胎母羊数占本期内参加配种的发情母羊的百分率。反映母羊发情周期的配种质量。

$$情期受胎率(\%)=\frac{受胎母羊数}{情期配种母羊数}\times 100\%$$

(四)产 羔 率

产羔率是指产羔数占产羔母羊的百分率。反映母羊妊娠和产羔情况。

$$产羔率(\%)=\frac{产羔数}{产羔母羊数}\times 100\%$$

(五)羔羊成活率

羔羊成活率是指本年度内断奶成活的羔羊数占出生羔羊数的百分率。反映羔羊的培育水平。

$$羔羊成活率(\%)=\frac{成活羔羊数}{出生羔羊数}\times 100\%$$

(六)繁殖成活率

繁殖成活率是指本年度内断奶成活的羔羊数占适龄繁殖母羊数的百分率。反映母羊的繁殖和羔羊的抚育水平。

$$繁殖成活率(\%)=\frac{断奶成活羔羊数}{适繁母羊数}\times 100\%$$

三、影响湖羊繁殖力的因素

(一)遗传因素

不同个体的繁殖力差异很大,在相同的饲养管理条件下,有的湖羊每胎产 1 只羔羊,有的母羊 1 胎可产 3 只、4 只,甚至更多,而且可年产 2 胎。因此,通过选育,可使湖羊的繁殖力得到进一步改进与提高。

(二)营 养

各种营养物质,包括蛋白质、碳水化合物、脂肪、维生素、矿物质等对羊都很重要,其中任何一种营养缺乏都会影响湖羊的健康与繁殖力。

1. 蛋白质 蛋白质缺乏会影响青年公羊生殖器官的发育和精子品质,可使精子活力和射精量下降,密度变稀,配种能力降低。可造成青年母羊卵巢和子宫呈幼稚型,初情期推迟,不发情或发情不明显。妊娠母羊日粮中蛋白质水平太低可直接引起细胞发育受阻和胚胎死亡,还可通过影响羊的生殖内分泌活动而间接影响胚胎发育,出现流产、弱羔、死羔、母羊缺乳、贫血等病症。

2. 碳水化合物 碳水化合物中的葡萄糖是胎儿生长发育、乳腺等代谢的唯一能源,如果供给不足,不仅胎儿发育受阻、母羊缺乳,甚至会出现妊娠毒血症或死亡。

3. 脂肪 日粮中严重缺乏脂肪,也会影响精子的形成。脂肪是脂溶性维生素的溶剂,日粮中脂肪含量不足就会影响脂溶性维生素的吸收和利用,从而对繁殖产生不良影响。

4. 维生素 维生素A缺乏可导致母羊性成熟延迟、卵细胞生长发育困难,虽有少数卵细胞可发育到成熟阶段,并有受精能力,但流产多,产下的羔羊易出现瞎眼、行走不协调等症状,母羊出现胎衣不下和子宫发炎等病症。公羊缺乏维生素A则影响精子生成,也可使大部分已形成的精子发生死亡;维生素D缺乏可抑制母羊发情征候,推迟发情日期;维生素E缺乏,公羊出现睾丸萎缩,曲细精管不产生精子。母羊出现受胎率下降、胚胎和胎盘萎缩、流产。

5. 矿物质

(1)钙和磷 日粮缺磷可导致母羊卵巢萎缩、屡配不孕、流产、羔羊生活力差。日粮磷含量过高，会抑制母羊的繁殖功能，出现卵巢肿大、配种期延长和受胎率下降等现象。据报道，当日粮磷比实际需要量低50%时，不育率就会增加40%。钙、磷比例失调可引起胎儿发育停止、畸形、流产。

(2)钠和钾　羊日粮钾和钠的适宜比例为5∶1。缺钠可导致母羊子宫收缩迟缓、胎衣滞留、性欲减退、排卵周期延长、卵巢囊肿变性。

(3)铜和钴　母羊长期在缺铜草地上放牧，会出现严重贫血、发情期延长、不育率和羔羊死亡率增加等现象。母羊缺钴最突出的表现是受胎率下降，泌乳量减少。

(4)碘　日粮缺碘，母羊会出现不发情、不排卵、胚胎附植困难、流产、胚胎死亡、出生重和活力差等现象。但碘过量也可引起胎儿发育停止、畸形、流产。

(5)锰　日粮缺锰，母羊生殖器官发育迟缓，首次发情时间推迟，卵泡发育和排卵停滞，受精率下降，出现流产和早产现象。公羊缺锰，会出现睾丸萎缩或退化、精子生成障碍等现象。

(6)锌　锌对公羊精液的影响极大。缺锌公羊表现为睾丸发育不良、精液浓度和射精量下降以至精子生成停止。母羊缺锌时，发情紊乱，初情期和产后发情期大大推迟。长期缺锌会导致卵巢萎缩、功能衰退，胚胎致畸或死亡。

(7)硒　缺硒也可造成母羊受胎率下降和胚胎死亡。

(三)膘　情

公羊过肥或过瘦，都会导致性欲下降、采精量少、畸形精子和死精子比例高等现象，影响所配母羊的受胎率。母羊过肥或过瘦，内分泌活动减弱，表现为不发情或安静发情。

（四）环境温度

在热应激条件下，母羊的采食量下降，甲状腺素分泌减少，胃肠蠕动减弱，消化酶活性降低，影响胎儿所需的营养供给。在热应激条件下，羊只为了增加散热，大大加速外周血液循环，使生殖器官供血量减少。急性热应激可使母羊子宫血流量较常温时减少48%。胎儿发育受阻。

（五）疾　病

不管是普通的感冒发热、腹胀腹泻，还是传染病、寄生虫病都可引起胎儿死亡、流产。尤其是传染病，通常由于发热导致胚胎死亡，另一方面病原菌可通过胎盘传播给胎儿，即所谓的垂直感染引起胎儿死亡。

（六）药　物

很多抗生素、抗寄生虫类药、平滑肌兴奋药和激素类药都可导致胚胎死亡，降低羊群繁殖力。

四、常用繁殖技术

（一）人工授精

羊人工授精是只指通过人工方法，将公羊的精液输入母羊的生殖道内，使卵子受精以繁殖后代。

1. 采　精

（1）采精前的准备

①调教好公羊。公羊初次采精比较困难，可选择下列训练措施：

一是，将不会爬跨的公羊与发情母羊圈在一起。

二是，在其他公羊配种或采精时，让被调教公羊站在一旁，诱导其爬跨。

三是，每天定时按摩公羊睾丸，每次10～15分钟。

四是，隔日肌内注射丙酸睾丸素50毫升，连续注射3次。

②选择好场地。采精场地应选择在平坦不滑、干净卫生、周围无噪声的房舍内。一经选择，便保持相对固定，不要经常变动。因为公羊会因环境陌生而拒绝爬跨、射精。

③准备好台羊。用作采精的台羊，必须是发情母羊，因此在繁殖季节采精，可从母羊群找出发情羊，用作台羊。而在非繁殖季节，需要对用作台羊的母羊进行诱导发情处理，通常是注射廉价的雌二醇。

④准备好器具。凡与精液接触的一切器材和用具均要求清洁、干燥、无菌。经消毒液浸泡过的器具，用前必须先用清水冲洗干净，再用蒸馏水冲洗2～3遍，经自然干燥或干燥箱干燥的器械再根据其材料性能，予以紫外线或高压蒸汽消毒或干烤消毒。

⑤安装假阴道。先把假阴道内胎放入外壳，光面向里，粗面向外。将两头反转套在外壳上。固定好的内胎松紧适中、匀称、平整、不起皱褶和扭转。装好后，用洗洁精洗去内胎上的污物，再用清水反复冲洗净，最后用蒸馏水冲洗1～2次，自然干燥。两端加固定圈固定，一端装集精杯。采精前1小时置于紫外线灯下照射消毒或用75％酒精棉球，先里后外擦拭消毒内胎。安装和清洗假阴道时，应注意如下事项：

一是，安装前，检查假阴道外壳有无裂缝或小孔。检查假阴道内胎是否漏气，有无裂损。检查气嘴是否漏气，扭动是否灵活。

二是，根据气候和室内温度变化情况，在假阴道夹层内注入50℃左右的热水150～180毫升。使假阴道内温度保持在38℃～40℃。在假阴道内胎腔的前1/2段涂以润滑剂，装上气嘴,吹入适量空气,使内胎一端中央呈"Y"字形或三角形,合拢而不向外鼓。

三是,安装前,必须剪短指甲,以免损伤内胎。安装好的假阴道应盖上清洁纱布或平置于消毒箱内,勿与硬物碰及。

四是,假阴道不要与硬物一起洗涤,特别是不要与注射用针头接触,以免扎破。

(2)采精操作

①清洗、消毒。首先将台羊(发情母羊)的颈部固定在采精架上,用0.1%高锰酸钾溶液消毒母羊的外阴部和公羊的包皮周围,再用消毒纱布或毛巾擦干。

②采精。采精员蹲在台羊右后侧,右手持已准备好的假阴道,气嘴向下,靠在台羊臀部,假阴道与地面呈35°～40°角。当公羊爬跨台羊而阴茎未触及台羊后躯时,用左手轻轻地、迅速地将阴茎导入假阴道内,待公羊射精完毕、阴茎从假阴道中自行脱出后,采精员立即将假阴道直立,筒口向上,打开气嘴放气,取下集精杯,送去镜检。在整个采精过程中不能让假阴道内的水流入精液。

一般来说,在繁殖季节,成年公羊每周可采精10～15次,即每天采精2～3次,但5～6天后,应当休息1～2天。在非繁殖季节,如深冬和仲夏时期,应当让公羊休息。公羊采精后应与母羊分别饲养,以减少精力的过度消耗。

(3)精液品质检查　肉羊精液品质检查的项目通常包括颜色、射精量、气味、精子密度、活力、和畸形精子比率等。

①颜色。精液采得后立即观察颜色,正常精液一般为乳白色或浅黄色,通常乳白色精液中的精子密度大于浅黄色精液。除上述两种颜色外,其他颜色均被视为异常,具有异常颜色的精液不能用于输精。

②射精量。绵、山羊的射精量一般为0.5～2毫升,可用灭菌针管或输精器吸取测量。如果成年公羊的一次射精量低于0.3毫

升，通常精液品质也较差，可视为采精失败。

③气味。正常精液除具有精液特有的腥味外，无其他特殊气味，如有腐臭等异常气味，则不能用于输精。

④精子密度。用显微镜观察时，看到精子相互间的空隙小于一个精子长度，看不到单个精子活动情况时为“密”；精子与精子间的空隙相当于1～2个精子的长度，能看到单个精子活动时为“中”；精子与精子间空隙超过2个精子长度，视野中只有少量精子时为“稀”。密度在中等以上的精液才能用于输精。

⑤精子活力。也叫精子活率，是指在37℃条件下，精液中呈直线前进运动的精子百分率。检查时，用灭菌玻璃棒蘸取1滴精液，置于载玻片上，加盖玻片，在200～600倍显微镜下观察。全部精子都呈直线前进运动则评为1级，90％的精子呈直线前进运动为0.9级，以此类推。原精稀释后活力在0.4级以下、冻精解冻后活力在0.3级以下时不能用于输精。

⑥畸形精子比率。凡是精子形态不正常的均为畸形精子，如头部过大或过小、双头、双尾、断裂、尾部弯曲、带原生质滴等。合格精液的精子畸形率不得超过14％。

2. 精液稀释

(1)稀释的目的和意义

①增加容量，以便为更多的母羊配种。

②可延长精子的存活时间，提高受胎率。

③可降低附性腺分泌物对精子的危害。

④可补充精子代谢所需要的养分。

⑤可缓冲精液中的酸碱度。

⑥可抑制细菌繁殖，减弱细菌对精子的危害。

(2)精液稀释与保存方法　精液在不同温度条件保存用的稀释液不相同，但稀释时，稀释液的温度应与精液温度相同或相近，精液应避光保存，最好置于茶色玻璃瓶内，并在采集后立即进行稀释。稀释液应顺着管壁流入，而不应直接倒入。加入稀释液后应轻轻摇动，严禁强烈震荡，以避免精子死亡。

①室温保存。在没有低温保存条件或者采精后能很快用完的情况下，可采用室温保存法。室温保存应尽量选择凉爽条件，如悬吊在井内、放置在地窖，尽量避免精子因快速运动、消耗能量而过早衰老、死亡。室温保存时间不超过1天。保存用稀释液可选择0.9%氯化钠注射液、维生素B_{12}注射液、葡萄糖氯化钠注射液或消毒牛（羊）奶。稀释比例根据精子活力和密度决定，对密度中等、精子活力达到0.7～0.8的精液，按1∶10稀释，但对活力在0.8以上的精液可按1∶12～15稀释。

②低温保存。低温保存是指在2℃～5℃的冰箱内保存，保存时间以不超过2天为宜，保存用稀释液可选用A、B、C液。

A液：取葡萄糖3克、柠檬酸钠3克，加双蒸水至100毫升，经过水浴消毒30分钟后，放入冰箱保存。用时取该基础液80毫升，加蛋黄20毫升、青霉素10万单位、链霉素100毫克。

B液：取葡萄糖3克、柠檬酸钠1.4克，加双蒸水至100毫升，经过滤、消毒后，放入冰箱保存。用时取该基础液50毫升，另加消毒脱脂羊奶50毫升、青霉素10万单位、链霉素100毫克。

C液：将羊奶煮沸、去脂肪后，装入盐水瓶予以水浴消毒30分钟。然后置于冰箱保存、待用。

精液稀释后，包上8～12层纱布或者2～3层毛巾，然后再放进2℃～5℃冰箱内，以免精子因迅速降温而死亡。

3. 输精时间的确定 母羊的发情表现与膘情、年龄、光照等因素有关。一般来说，在日照逐渐缩短、气温较凉爽的秋季，青壮年母羊发情表现较明显，发情持续期可达48小时以上，而老龄羊、瘦弱羊及部分处女羊发情表现不太明显，而且持续时间较短。冬季气温偏低时，羊发情表现较差。绵羊发情表现的个体间差异较大，少数羊表现为安静发情。因此，在绵羊繁殖季节，饲养员应勤观察，每天早、晚用试情公羊试情，并根据以下表现做出判断：

(1)行为表现　绵、山羊发情时，常常表现为兴奋不安，对外界刺激较敏感，频频摇尾，按压臀部十字部时，其摇尾现象更为明显，接受公羊爬跨或主动接近公羊，爬跨公母羊、爬墙或栏杆，食欲减退，不时哞叫。

(2)外阴部表现　发情初期，外阴部肿胀，湿润，但颜色较浅，流出较清亮的黏液。到发情中期，外阴部变为潮红色，肿胀更为明显，流出的黏液稠如面汤，此时便可输精。发情结束时，外阴部肿胀逐渐消退，颜色变为紫红或暗红色，且黏液干结。

(3)阴道内表现　用开膣器打开阴道，可见阴道表面湿润、充血、潮红、黏液较稠，子宫颈口肿胀、开张、有光泽，此时便可输精。如果羊膘情较好，但阴道为浅红色或粉红色、黏液较清亮、子宫颈口肿胀不明显或未开张，可以判定该羊为发情初期，还不宜输精。如果阴道内黏液黏稠结块，子宫颈口肿胀有所消退，颜色变暗，可判定该羊发情即将结束。

一般老龄母羊和处女羊可在发情早期(发情 8～12 小时)配种，间隔 12 小时后再配第二次。青壮年羊发情持续期长，可在发情中期(发情 16～24 小时)配种，间隔 12 小时后再配第二次。

4. 输精操作

(1)做好输精前准备　输精前必须对所用的精液进行镜检，显微镜保温箱的温度应升到 35℃。经镜检合格的精液方可用于输精。低温保存的精液应根据需要，吸入小瓶内，然后将小瓶在 35℃左右的温水中升温 1～2 分钟，立即输精。

(2)采取正确的输精方法　先保定母羊。保定者倒骑母羊，两腿夹住母羊颈部，两手提起母羊后肢，使母羊身体纵轴与地面呈 45°夹角，便于寻找子宫颈口，准确输精。用新配制的 0.1%高锰酸钾溶液，自流式冲洗母羊外阴部，再用消毒纱布或毛巾擦干。输精时，输精员手持消毒好的开膣器，与地面呈 30°角，采用沿阴道背部先上、后平、再下的方法，插入母羊阴道内，在其前方的上、下、左、右寻找子宫颈口，向子宫颈插入输精器 1～2 厘米，放松开膣器，推送精液，然后抽出开膣器及输精器。但用过的输精器械先用酒精棉球由前向后擦洗，再用生理盐水纱布擦洗 1 次。方可用于输精。

鲜精输入量为有效精子 5 000 万个/次，稀释后的精液每次可输 0.3～0.5 毫升。冷冻精液的输精方法同鲜精，输入量为 2 颗(颗粒)或 1 支(细管)/次。

5. 输精时应注意的问题

(1)注意卫生　不注意卫生有可能将环境性致病菌带进宫腔，其代谢产物刺激子宫黏膜分泌前列腺素 F2α，使黄体消退，微生物还可能直接使精子、合子和胚胎死亡。

(2)适时输精　不管是老化卵子与新排精子，还是老化卵子与老化精子，新排卵子与老化精子的结合，都会出现胚胎早期退化现象。如果推迟配种，虽然可使接近受精末期的卵子受精，但由于卵子老化，受精的卵子不管能否附植，大多数不能继续正常发育，胚胎被吸收或胎儿发育异常，老化的精子也可导致类似的情况，但由于输入的精液实际上含有成熟状态不同的精子，这种异质性减缓了早输精的不利影响。在这种情况下，未成熟的精子逐渐成熟，确保了排卵时有获能的活动精子。卵子的情况就截然不同。未受精的卵子在排卵后保持受精能力的生命周期较短，很少超过 8～10 小时。因为精子主要是由稳定的染色质和退化的细胞质组成；而卵子是一个含有各种细胞器的细胞质球，由于细胞核和细胞质中的细胞器缺乏稳定性，排卵后卵子在输卵管里就会发生衰老等问题。

不适时配种的另一种现象是妊娠后误配。由于胎盘产生促性腺激素，部分羊妊娠后仍出现发情表现，如果再次配种往往导致胚胎死亡。

(3)动作规范　输精动作要轻而快，防止损伤羊阴道和子宫。

母羊生殖器官结构见图 7-1。

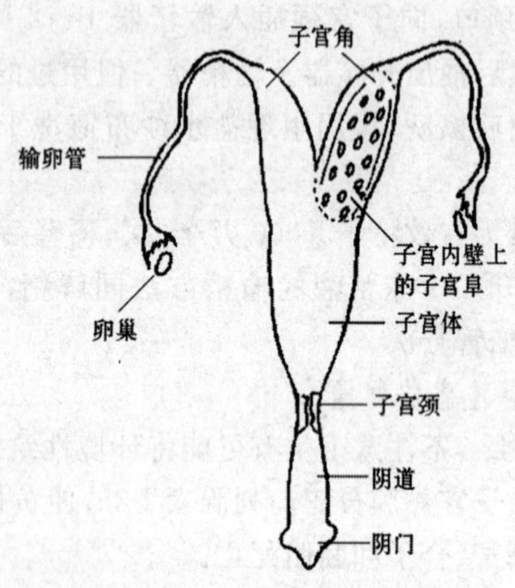

图 7-1 母羊生殖器官结构示意图

(4)在下列情况下不宜输精

①处女羊阴道狭小,不适宜使用开膣器。如果需要采用人工授精技术,必须让有经验的配种员操作。

②有生殖道疾病的母羊不宜采用人工授精。

(二)同期发情技术

同期发情又称同步发情,就是利用某些外源激素,人为地控制并调整一群母羊发情周期的进程,使之在预定时间内集中发情、排卵,以达到同期配种。

1. 同期发情的意义

(1)有利于推行人工授精技术 人工授精往往由于羊群过于分散(农区)或交通不便(牧区)而受到限制。如果能在短时间内使羊群集中发情,就可以根据预定的日程巡回进行定期配种。

(2)便于组织生产　同期发情可使母羊的配种和产羔时间相对集中，便于饲养管理和肥育，可节约劳动力及其各种费用，有利于羊肉的成批生产。

(3)可提高繁殖率　同期发情不但用于周期性发情的母羊，而且也能使乏情状态的母羊生殖功能随之得以恢复，出现性周期活动，因此可以提高繁殖率。

(4)是胚胎移植的一个重要环节　在胚胎移植过程中，供体羊和受体羊同期发情，是保证胚胎移植成功的重要条件之一。

2. 同期发情处理方法　绵羊同期发情处理方法很多，但经过我们多年的试验与筛选，下列两种方法处理效果较好。

方法一：第一天阴道放置孕酮阴道栓(CIDR)或海绵栓，第十天上、下午各肌内注射国产促卵泡素30单位/只，第十一天去栓，同时肌内注射国产氯前列腺烯醇0.1毫克。

方法二：第一天阴道放置孕酮阴道栓或海绵栓，第十四天肌内注射肌注孕马血清200单位/只，第十五天去栓，然后观察发情情况。

(三)羊妊娠诊断

早期妊娠诊断可以尽早查清空怀母羊，以便采取补救措施，提高繁殖力。生产中人们通常将配种后2个情期内未出现发情征候的母羊判定为妊娠，但这种方法不准确。目前生产中可利用的比较可靠且简单易行的方法有以下几种：

1. 巩膜检查法　检查时，翻开母羊上眼睑，发现瞳孔上方巩膜的一根直立微血管变得粗大、充盈、呈紫红色，凸显于巩膜表面，可判断该母羊妊娠。但这种判断方法需要反复比较与练习，积累经验。

2. B超诊断法　便携式动物超声扫描仪(简称B超仪)具有诊断准确率高、安全性好和容易操作等特点，对配种后30～80天绵、山羊的妊娠诊断准确率可达到99%。B超妊娠诊断法又分为直肠诊断法和腹壁诊断法两种。

(1)诊断方法选择 B超妊娠诊断方法通常是根据配种时间和羊的体格大小确定的。一般来说,配种后30～50天的母羊胎儿较小,子宫位置变化不大,通过直肠便可观察到子宫形态,可由此确定该母羊是否妊娠。但到配种50天后,随着胎儿的发育,子宫的形态和位置都发生了较大变化,利用直肠检查就很难观察到子宫形态,因此无法做出正确的判断。即使配种50天以内的母羊,如果体格较大或在饱食之后,通过直肠观察也较困难,需要结合腹壁诊断予以判定。

(2)诊断准备 ①禁食12小时左右;②对乳房两侧肷部羊毛着生较多的羊,可用刀片刮去一侧羊毛。

(3)诊断操作

①直肠诊断法。母羊采取站立保定。操作人员将涂有耦合剂的探头轻轻插入母羊直肠,找到膀胱,在膀胱图像左右两侧或下侧轻轻移动探头进行扫描,同时观察荧光屏图像显示情况。

②腹壁诊断。母羊可采取站立保定或躺卧保定。操作人员将涂有耦合剂的探头放在乳房左侧或右侧右肷部,紧贴皮肤向前后、左右移动扫描,观察荧光屏图像显示情况。

(4)妊娠判定 操作时,先在荧光屏图像上找到膀胱,在膀胱的左下侧,如果看到子宫腔体明显,有胎水和胎盘子叶或子宫腔体内有胎体、胎心搏动,就可判定妊娠;如果看不到子宫腔、胎水、胎盘子叶,也不见搏动的胎体或胎心,只见子宫结构完整如初即可判为空怀。

3. 激素检测法 激素检测法就是利用母羊妊娠后血液孕酮含量明显上升这一生理特点,在母羊配种后第20～25天,利用放射免疫法测定母羊血液孕酮含量。如果绵羊血浆孕酮含量高于1.5纳克/毫升,就可以判定为妊娠,其诊断准确率可达到93%。

第八章 羊场建设

一、羊场选址

养殖场地是羊重要的外界环境条件之一。理想的场区环境应当是:空气流通,阳光充足,环境干净卫生,便于羊群饲养管理和各项卫生防疫制度和措施的执行。因此,新建羊场时,必须具备下列环境条件。

(一)地势高燥

要求地面稍高而平坦,坡度以10°～30°为宜,山区也不能超过25°,地下水位应在2米以下。这样,既有利于排水,又可防止地面潮湿。在靠近河流地区,场地至少要高于当地历史洪水的水位线。同时要求场地背风向阳,尽可能减少冬春风雪的侵袭,保持场区小气候的相对稳定。山区不要将场地选在山坳或山顶,因为山坳不利于空气流通,容易造成场区空气污染。山顶在冬、春季节风大,影响圈舍保暖。

(二)地形开阔

场区的面积应根据所饲养羊的规模、品种和饲料供应情况以及发展计划等因素来决定。场地边角太多或过于狭窄,影响建筑物布局、卫生防疫和生产联系。建筑物约占场地总面积的10%左右,运动场占20%～30%。

(三)远离污染源

1. 远离公路　羊场一定要远离交通干线,应与地方公路保持50米以上的距离,与省级公路保持300米以上的距离。

2. 土壤无污染　建场前要调查了解场地土壤是否被有机物、病原微生物和有害寄生虫污染物污染,切忌在传染病疫区和寄生虫经常暴发地区建场。

3. 远离其他动物　远离其他畜牧场、农户、牲畜交易市场、屠宰场、兽医站以及羊群转场通道。这样,所处地区一旦发生灾情,容易隔离、封锁。

(四)饲草运输半径小

建场前,必须考虑饲料(特别是粗饲料和青贮饲料)的供给条件,羊场周围要有充足的放牧草地或打草地。对于规模舍饲羊场来说,应当建设自己的永久性饲料基地,以确保羊群有稳定的饲料来源。如果依靠远距离买草养羊或加工青贮饲料,势必大大增加养殖成本,影响养殖收益。

(五)水源充足

要求四季水量供应充足,水质良好,离羊舍近。最好的水源是泉水、溪涧水或消毒过的自来水,其次是江河中流动的活水,再次是池塘水。水源必须保持清洁卫生,防止污染。羊只饮用被污染的脏水后,很易引起消化道疾病和感染寄生虫病。

(六)基本设施齐全

通讯设施应当齐全,电力供应充足。交通既要方便,又要与交通要道保持一定的距离。

二、羊场布局

羊场尽量做到建筑物配置紧凑，便于机械化操作，水、电设施齐全而且线路较短，有良好的小气候环境，有利于卫生防疫和管理措施的落实。

规范化羊场至少要分生活区、生产区、草料加工区和隔离观察区 4 部分，由灌木丛将净道与污道隔离开。生活区要处于地势较高的上风处，最好在此可观察生产区的其他房舍；生产区的羊舍朝向应有利于冬季采光和夏季遮阳；草料加工区最好位于上风区并与生活区和生产区保持一定距离，以便防火、防草料污染；隔离区一般位于地势较低的下风处。

生产区内建有公羊舍、种母羊舍、产房、羔羊和青年羊舍等。公羊舍应靠近采精室，并与母羊舍保持一定距离；繁殖母羊舍与羔羊舍相邻。各羊舍之间有一定距离。病羊隔离室、粪池、尸体坑应与羊舍保持一定距离并处于下风方向。生活区、生产区和隔离区四周应建有绿化隔离带(图 8-1)。

三、羊舍建设

修建羊舍的目的，在于给羊创造一个适宜的生活环境，避免不良气候的影响，便于日常生产管理，达到产品优质高产的目的。因各地的生态环境差别很大，经营管理方法不同，对羊舍的要求也不尽一样。

(一)羊舍位置

羊舍位置较高，排水通风应良好，羊舍要接近放牧地和水源，若靠近居民点或办公室，羊舍要建在办公室和住房的下风方向，屋角对着冬、春季节的主风方向。

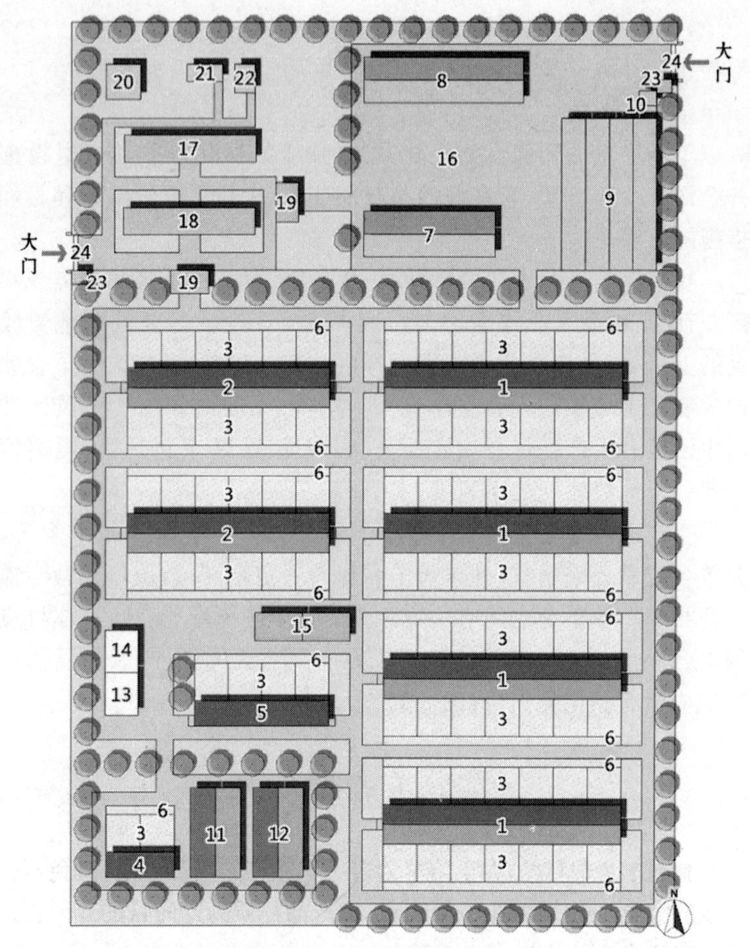

图 8-1 羊场布局图

1. 羊舍 2. 待售羊羊舍 3. 运动场 4. 隔离羊舍 5. 产房 6. 饲槽 7. 干草棚 8. 精料、设备库 9. 青贮窖 10. 地磅 11. 有机肥加工中心 12. 废物处理池 13. 兽医室 14. 药浴房 15. 配种室 16. 晾晒场 17. 宿舍食堂 18. 办公室 19. 更衣消毒室 20. 锅炉房 21. 变电室 22. 水泵房 23. 门卫室 24. 消毒池

(二)羊舍面积

羊舍面积以羊不拥挤,可以自由活动为宜。羊舍面积过小,羊过于拥挤,会导致舍内潮湿,空气污浊,有碍羊的健康,给饲养管理也带来不便,面积过大,不但造成浪费,也不利于冬季保温。羊舍地面应比舍外地面高出 20～30 厘米,防止雨水流入。各类羊只所需的圈舍面积见表 8-1。

表 8-1 各类湖羊所需面积 （米^2/只）

项 目	种公羊	种母羊		育成羊		哺乳母羊
		空 怀	妊 娠	断奶后	1周岁	
舍内面积	3～5	1.5～2	2.5～3	1～1.5	1.5～2	2.5～3
运动场面积	8～10	4～5	5～6	3～4	4～5	5～6

(三)羊舍建筑材料

要求就地取材,以坚固耐用、经济实用为原则,利用砖、石、水泥、木材、竹板等。

(四)羊舍门窗设置

羊舍门宽 1.5～2 米、高 2 米,太窄易因拥挤造成妊娠羊流产,羊舍内应有足够的光线,保持舍内卫生。窗户的面积一般占羊舍面积的 1/15,下框离地面 1.5 米左右。后窗面积不宜过大,离地面比前窗要高,呈竖长方形,便于冬季封闭。

(五)常见的羊舍类型

1. 封闭式羊舍 见图 8-2。四面有墙,屋顶完整,墙上有窗,舍外一侧或两侧设有运动场。封闭式羊舍高度一般为 3 米左右，长度根据饲养数量和地理位置而定。屋顶有单坡的，也有双坡的。这种羊舍可根据饲槽分为单列式和双列式两种。单列式羊舍跨度一般为 6～7 米，羊群饲养在一侧，走廊在另一侧，舍内空间小，容纳的羊较少，虽然保暖性能较好，但通风换气条件差，夏、秋季节需要打开门窗，冬、春季节也要定时打开门窗换气。北方寒冷地区可选用单列式羊舍。双列式羊舍跨度可达 12～14 米，长度为 50～100 米，饲养在左、右两侧，中间留有 2.5～3 米水泥地面的走廊，便于机械送料。这种羊舍空间大，可容纳更多的羊，空气流通效果较单列式好。由于顶层采用采光建筑材料，如利用 PE 阳光板，这种材料既可隔热也可储热，且保温能力很强，低温耐候性好，－50°不裂，透光率可达 75%以上。但冬、春季节仍需要及时关上门窗，以保持舍内温度。规模化羊场都可修建这种羊舍。不论是单列式还是双列式羊舍，其侧面都设有运动场，围栏与羊舍相连。羊舍侧墙下部留有羊群出入口，使羊群能自由进入运动场。在运动场内设凉棚或栽种阔叶树，运动场外沿建饲槽和饮水池，羊群通常在运动场活动、进食，养殖人员可驾驶喂料机饲喂。

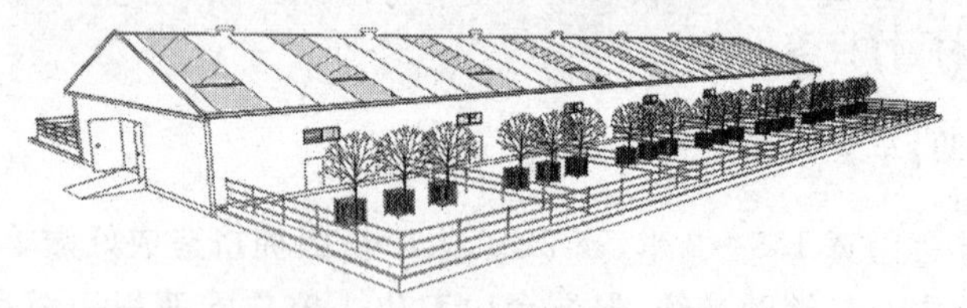

图 8-2 长方形双列式羊舍

2. 半开放式羊舍 半开放式羊舍通常坐北向南，三面有墙，南面全部敞开或有部分墙体。这种羊舍由于一面无墙或为半截墙，跨度较小，多为单列式，但采光和空气流通较好，具有一定的防寒防暑功能，建筑成本较低。可用于羔羊肥育。

3. 开放式羊舍 开放式羊舍是指一面或四面都无墙的羊舍，其结构简单，造价低廉，通风和采光较好，但保温性能较差。这种结构的羊舍（也叫棚舍）适合各类羊群的夏季饲养，炎热地区和温暖地区全年均可使用。

4. 楼式羊舍 见图 8-3 和图 8-4。多雨潮湿地区可建楼式羊圈。楼板多用木条、竹片铺设，间隙 1～1.5 厘米，粪尿可从间隙漏下，楼板距地面 1～1.5 米。羊舍的南面或南北两面的墙体一般为 90～100 厘米，上半敞开，但挂有保温帘，冬季放下帘子，可达到保温效果。楼上通风防热，防潮。每只羊占地面积 1～1.5 米^2，羊群可经与漏缝地面连接的斜坡进入运动场。楼式羊舍也可靠山坡修建，舍门设在山坡一侧。羊舍南面设运动场，面积为羊舍的 2～2.5 倍。

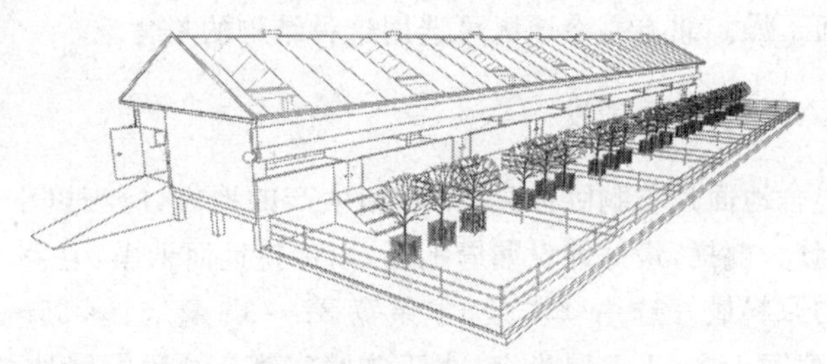

图 8-3 楼式羊舍正面图

5. 砖拱窑洞式羊舍 砖拱窑洞式羊舍是一种砖混结构的半圆拱窑式羊舍，其大小根据利用条件和羊的饲养量而定，这种羊舍具有空气流通，保温防雨，经济适用等特点，一般木材缺乏地区的小型羊场和农户可以选用。

6. 塑料暖棚羊舍 塑料暖棚一定要建在地势开阔、避风向阳、周围没有遮挡物的地方。棚舍最好建成半棚式，即棚顶一侧用塑料薄膜覆盖，另一侧为土木或砖木结构，在不盖塑料薄膜时呈半

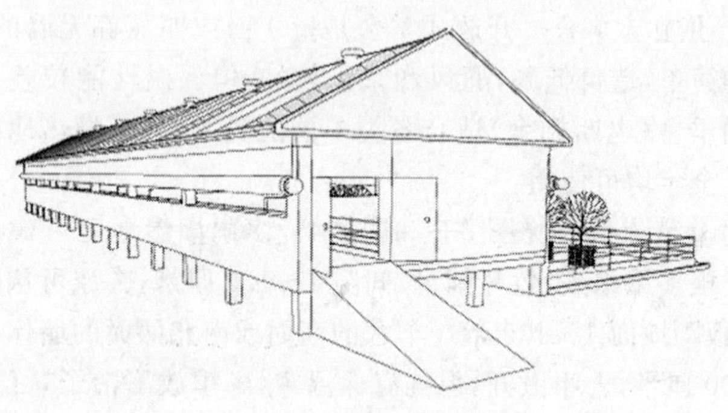

8-4　楼式羊舍侧面图

敞棚状态。半棚式暖棚覆盖的薄膜可以是斜面式的，也可以是拱圆式的，其特点是容易固定，抗风，保暖性能好，但要注意换气和保持地面干燥。北方寒冷地区可选用这种结构的羊舍。

(六)羊舍地面铺设

羊舍地面是羊躺卧休息、排泄和生产的地方，应当以干燥、卫生、保暖为前提，最好铺设漏缝地板，以保持地面干燥、卫生。漏缝地板的原料最好选用软木条，木条宽 32～35 毫米、厚 35～40 毫米，缝隙宽 1.2～1.5 厘米，略小于羊蹄宽度。这种漏缝地板适宜成年绵羊和 4 周龄以上的羔羊。羔羊舍可铺设镀锌钢丝网。漏缝地板与地面的距离可根据当地气候特点决定。北方地区冬季气温偏低，漏缝地板太高了，底风太大，太冷。因此以离地面 30～50 厘米、便于清理为宜。南方地区可高一些，楼式羊舍漏缝地板与地面的距离可达 1～1.5 米。

羊床下用水泥或用石板砌成，要求前高后低，有一定坡度，便于清除粪便。

四、羊的饲槽和草架

(一)饲　槽

1. 固定式长方形饲槽　见图 8-5。以舍饲为主的羊场应修建永久性固定式饲槽，双列对头式羊舍，饲槽应修在中间走道两侧；双列对尾式羊舍，饲槽应修在靠窗户走道一侧。饲槽可用砖、石、水泥砌成，饲槽上宽 45 厘米、下宽 35 厘米、深 20～25 厘米，距地面 40～50 厘米，槽底应为半圆形，以便于清扫，槽长按每只羊 40 厘米计算。为了便于机械操作(图 8-6)，外槽沿要低于内槽沿，一般为 20～25 厘米，内槽沿高度为 30～35 厘米。

图 8-5　饲槽结构图

A. 内槽沿　B. 外槽沿

图 8-6　机器撒料

2. 移动式长条形饲槽　该种饲槽可用木板或铁皮制成，一般为哺乳羔羊用，宽 13 厘米左右，高 10 厘米左右。这种饲槽移动和存放方便。

(二)草　架

利用草架喂羊，可避免践踏饲草，防止粪尿污染，还可整草投喂，具有省草省工、减少浪费的好处。草架有多种形式，有靠墙设置的单面固定草架，还有精、粗饲料都可饲喂的两用草架(图 8-7)。有的羊场和农户利用石块砌槽，水泥勾缝，钢筋作隔栅。草架隔栅间距为 9～10 厘米，羊可以自由伸过头去采食。

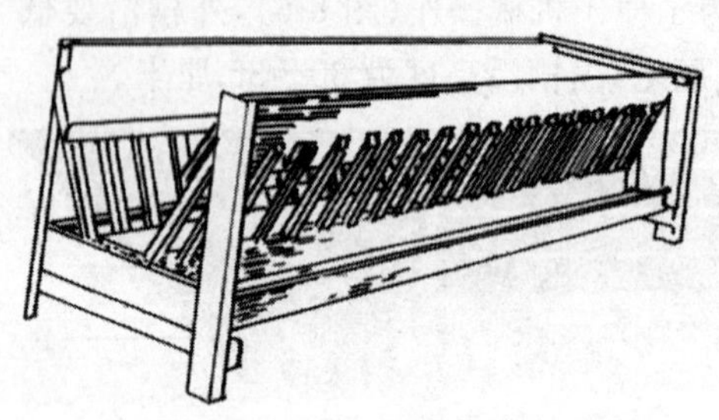

图 8-7　羔羊两用草架

(三)颈　枷

规模羊场为了保证羊群均匀采食，避免争抢食物或发生争斗，可利用颈枷固定羊只。羊颈枷安装在固定饲槽的内缘。多以细铁管或钢筋焊制而成，也有用木料制作的。其结构是上宽下窄，呈“凸”形。当羊头颈伸入吃草时，饲养员将可以上下翻动的横铁管(颈架)搬下，挡住羊的头颈，使之不能退出；当饲喂完毕时，再将颈架翻上去，羊只就可以自由退出(图 8-8)。

图 8-8 羊用颈枷

五、运 动 场

羊的运动场与羊舍相连，通常设在羊舍的南面，其面积至少为羊舍的 2～2.5 倍。在土地面积较宽阔的北方地区，运动场面可为羊舍的 3～5 倍。羊舍地面应高出运动场地面 60 厘米。运动场地面要干燥，呈斜坡形，排水方便。周围用砖或其他材料砌成花墙或围墙，设水槽和饲槽，运动场中间还应栽种槐树、杨树、桐树等阔叶树种。肥育羊舍不一定设运动场。

六、药 浴 池

药浴池为长方形，一般用水泥、砖、石砌成。池顶宽 60～80 厘米，池底宽 40～60 厘米，深 100～120 厘米。长度和深度可灵活掌握，以羊不能在池内自由转身为宜。其入口呈斜坡，坡度较大，羊进入池后可迅速滑落其中；出口有缓坡或台阶，便于羊只浴后在此停留，将身上多余的药液滴落流回浴池里(图 8-9)。

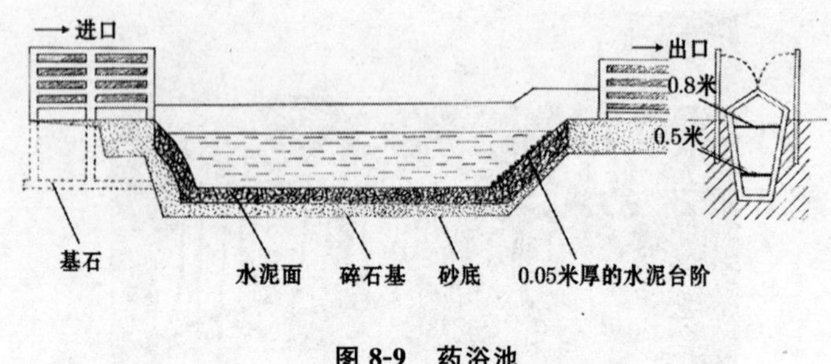

图 8-9　药浴池

七、羊场绿化

(一)羊场绿化的益处

1. 绿化可以明显改善小气候　羊场内的温度、湿度、气流等情况。在夏季,一部分太阳辐射热被树木稠密的树冠所吸收,而树木所吸收的辐射热量,绝大部分又用于蒸腾和光合作用,所以温度的升高并不明显。绿化可以增加空气的湿度,减缓风速。

2. 绿化可以净化空气　大型羊场空气中的微粒含量往往很高,在羊场及其四周如种有高大树木的林带,能吸收大量的二氧化碳和氨,净化、澄清大气中的粉尘,同时又释放出氧。草地除了可吸附空气中微粒外,还可固定地面上的尘土,不使其飞扬。

3. 绿化可以减轻噪声　树木与植被等对噪声具有吸收和反射的作用,可以减弱噪声的强度。树叶密度越大,减音效果越显著,因此羊舍周围应栽种树冠较大的树木。

4. 绿化可以减少空气及水中细菌含量　树木可使空气中的微粒量大大降低,因而使细菌失去附着物,减少病菌传播的机会。有些树木的花、叶能分泌一种芳香物质,可以杀死细菌、真菌等。

(二)绿化树种的选择

用作羊场绿化的树木不仅要适应当地的水土环境，还要有抗污染、吸收有害气体等功能。通常以树冠较大的阔叶树为主，常见的绿化树种有：泡桐、梧桐、小叶白杨、毛白杨、钻天杨、旱柳、垂柳、槐树、红杏、臭椿、合欢、刺槐、油松、侧柏、雪松、樟树、核桃树等。

第九章　湖羊常见病防治

湖羊原产地海拔低，降雨量高、植被覆盖度好，空气湿润，昼夜温差小。羊群容易感染寄生虫病、消化道病和饲料霉菌中毒病等。一般情况下，羊群除了预防口蹄疫、羊痘及羊黑疫、羊快疫等梭菌病以外，主要是通过加强饲养管理，预防这三类疾病。北方地区则由于气候干燥，风暴多，昼夜温差大，羊群容易发生呼吸道病。另外，很多地方土壤缺乏硒等矿物元素，饲料单一或者供应不足，营养性疾病比较常见。因此，北方湖羊的饲养管理方法、疾病防治计划与措施不同于南方地区。

不论是我国南方还是北方，养羊业最大的危害因素都是羊病，而且羊病常常是病毒病与细菌病同时发生，多种细菌病、病毒病、寄生虫病或普通病同时发生，给疾病诊断和防治工作带来很大的困难。因此，必须严格执行"预防为主，治疗为辅"的基本原则，加强饲养管理，搞好环境卫生，做好防疫和检疫工作，及时控制疫情，坚持定期驱虫和对中毒病采取综合防治措施。

一、病羊的识别

由于羊对疾病的抵抗力较强，一般情况下表现出的症状不太明显，因此应经常仔细观察羊群表现，特别注意下列行为的变化。

(一)行为姿势的变化

健康羊通常表现为自由自在地活动，如静静地站着或卧着、步行活泼而稳定、对轻微的刺激有警觉性等。而患病羊则表现为离群呆立或掉队缓行，跛行或做圆圈运动，四肢僵直或行动不便或缓慢。

（二）食欲和体况变化

食欲正常的羊趋槽、摇尾、采食行动敏捷，反刍正常；而病羊表现有欲吃而止、忽多忽少、喜舐泥土或吃草根、反刍减少或停止等。一般急性病，如急性瘤胃臌气病等，病羊身体仍然肥壮。而一般慢性病，如营养缺乏病和寄生虫病等，病羊身体多为逐渐消瘦。

（三）被毛皮肤变化

健康羊被毛平整，不易脱落，且有光泽和油性；皮肤柔软并有弹性。病羊则被毛粗乱蓬松，无光泽，易脱落。皮下可能有水肿或肿胀，患螨病时，皮肤变得十分粗硬。

（四）眼睛变化

健康羊眼睛明亮，眼角干净，翻开下眼睑所看到的眼结膜呈粉红色；病羊可能流泪或羞明，眼角有眼眵，眼结膜多呈苍白色（贫血症）或黄色（黄疸病）或蓝色（多为肺、心脏患病）等。

（五）粪尿变化

正常时，羊粪呈小球形，硬而不干，没有难闻怪味，不含大量未消化的饲料；尿液清澈，不带血、黏液或浓汁等；羊排粪、排尿均不费力。但在患病时，羊粪可能有特殊臭味（见于各型肠炎），表现为过于干燥（缺水和肠弛缓）、过于稀薄（肠功能亢进）或带有大量黏液（肠卡他性炎症）或混有完整谷粒（消化不良）、纤维素膜（纤维素肠炎）或呈黑褐色（前部肠管出血）、鲜红色（后部出血）等；排尿次数和尿量过多或过少，排尿痛苦、失禁等。

(六)呼吸变化

正常时,绵羊每分钟呼吸 12～18 次,其中羔羊和成年羊分别为 12～15 次/分和 15～18 次/分。病羊的呼吸次数或增多(见于热性病、心脏衰弱及贫血等病)或减少(见于某些中毒、代谢障碍等病)。当然,在正常运动或受惊吓刺激后、在环境温度过高或通风不良等情况下,羊也会表现为呼吸次数增加。

(七)体温变化

绵羊的体温为 38.5℃～40℃,但羊受性别、年龄、季节、早晚、妊娠及分娩的影响,如新生羔羊体温比 3～6 月龄羔羊高,下午比上午约高 0.5℃,炎热的夏季比冬季约高 1℃,妊娠母羊比非妊娠羊约高 0.5℃。另外,运动之后或过度兴奋均可使羊体温上升。羔羊体温一旦低于 37℃,如不及时采取措施就会很快死亡。

(八)脉搏变化

羊的脉搏变化受生理状态、气温以及活动量的影响较大。放牧羊只的脉搏一般为 70～80 次/分,妊娠后期母羊和羔羊更快些。患病羊心率有一定变化,如发热、心肌炎初期以及患疼痛性疾病时,心率加快。羊的脉搏太少表明健康状况较差,当病羊脉搏减至 40 次/分以下时,就很难救活。在高温环境条件下,绵羊的心率可达 100 次/分以上,放牧归来或受惊吓后,脉搏也会加快。因此,羊群的脉搏变化应在安静状态下检查。

二、常用的羊病治疗方法

(一)常用治疗器械和用品消毒

1. 蒸煮消毒法 蒸煮消毒是简单易行的消毒方法,适用于各种外科器械、缝合丝线、纱布等。消毒前将要消毒的器械和物品(耐煮沸的物品)洗净,分类包好,并做标记,放在蒸煮消毒锅或其他容器内加水蒸或煮沸,水沸后保持20～30分钟。消毒好的器械使用前应按类别有次序地放在预先灭过菌的有盖盘(或盒)内。但蒸与煮是不同的两种方法。由于蒸汽的穿透性好,消毒效果较好,生产中常选择此法消毒。在缺乏蒸汽消毒的条件下,也可采用煮沸消毒法,但用常水煮沸易使器械表面形成水垢,因此煮沸消毒最好用蒸馏水。

2. 高压蒸汽灭菌法 此法适用于手术器械、注射器、手术衣帽等。将器械和用品包装以后,装入高压蒸汽灭菌器,待水沸腾,压力表开始上升时,排出空气,然后再关掉排气阀,使蒸汽压力达103.4千帕,此时温度为121.3℃,维持20～30分钟。

3. 药物消毒法 一般用0.1%新洁尔灭液,将器械浸泡20分钟即可。

(二)羊病常用的治疗方法

1. 静脉注射 将药液直接注射到颈静脉内,适用于需迅速发生药效或药液不适于肌内、皮下注射时用。

首先要配好药液,将吊针管内空气排除,然后用左手在注射点下面约10厘米处,以拇指紧压颈静脉沟上,其余四指在右侧相应部位抵住,使静脉膨起。右手拇、食、中三指拿着针头,与静脉呈30°～45°角,对准刺入。针头如刺进血管,则可见血液回流,此时打开输液管，让药液缓缓流进。

静脉注射的药液（特别是氯化钙、高渗盐水等有强烈刺激性的药液）切勿漏于血管外，以免造成局部组织发炎和坏死。如发生折针事故，当即以镊子夹出断头，必要时进行手术切开，取出断头。

2. 肌内注射　肌内注射是将药液直接注到肌肉组织中。常用于注射疫（菌）苗、青霉素和链霉素等抗生素类药物、各种油剂注射液等。通常选择肌肉发达的部位注射，如颈侧、臀部。注射时，左手固定注射部位，右手拿注射器，针头垂直刺入肌肉内，左手固定注射器，右手将针芯回抽一下，如无回血，可将药液慢慢注入。若发现有回血，应变更位置。如动物不安或皮厚不易刺入，可将注射针头取下，右手拇指、食指和中指紧持针尾，对准注射部位迅速刺入肌肉，然后按上注射器，注入药液。但注射时要将针头留 1/3 在皮肤外面，以防折断或不易拔出。

3. 皮下注射　本法是将药液注入到皮下疏松结缔组织中。被注射药液的吸收速度较皮内法快，注入量亦大，既可用于治疗，也可用于疫苗或无刺激性的药物注射。希望药物能较快吸收时，可用皮下注射法注射。羊一般在颈侧下部或肩胛骨的后方皮下注射。注射时，左手拇指与食指捏取皮肤，使其形成皱褶，右手持注射针管在皱褶底部稍斜快速刺入皮肤与肌肉间，缓缓推药。注射完毕，将针拔出，立即用药棉揉擦，使药液散开。但如果皮下有水肿，不可采用此种注射方法。

4. 皮内注射　本法是将药液注入到皮肤的真皮组织内。由于可注入的量少且一般只能注入 0.3～0.5 毫升，而且吸收缓慢，故不适于临床治疗用，而主要用于皮肤变态反应试验（如结核菌素试验等）和诊断，或用于某些疫苗的免疫注射，用这种注射方法，能获得最大的免疫效果。注射时，用左手手指捏起皮肤或皱褶，右手持针从皱褶顶部与之呈 20°～30°度角向下刺入皮肤内，缓慢地推入药液，也可用左手的拇指与食指捏起皮肤成皱褶进针。当药液准确地注入皮内组织时,因组织比较硬,推注时有抵触的感觉,注射的局部还会形成一坚实隆起的小包。拔出针头后,只需用酒精棉球轻轻拭去少量漏液即可,不要用力按摩。

5. 气管注射 气管注射法只在治疗羊肺线虫病或支气管病,需要将药物直接注入气管时才使用。注射前,将羊侧卧或仰卧保定,使前躯稍高于后躯。局部剪毛、消毒。在颈下喉头后方的任何两个器官软骨环的腹侧正中线进针,刺入气管后,针尖向前、后、左、右活动,感觉在气管腔内即可注射。如遇咳嗽,暂停注射。注射完毕,拔出针头,局部消毒。注意药液量不宜过大,注射速度不能快,保定时不可将鼻孔压住,以防窒息死亡;妊娠母羊不宜采用气管注射,以防流产。

6. 瓣胃注射 瓣胃注射常用于羊瓣胃阻塞。羊长期饲喂麸糠等含有泥沙的饲料或粗纤维坚硬的饲草、饲料突然变化、缺乏运动、皱胃变位、生产瘫痪以及急性热性病和中毒病都可引发瓣胃阻塞。本病发生后可内服泻剂和促进前胃蠕动的药物。严重时,可采用瓣胃注射,即将药液直接注入瓣胃中。注射时,将羊站立保定,在右侧第8～9肋间与肩关节水平线交界处下方2厘米处剪毛消毒,用12号7厘米长的注射针头,直刺入皮肤后,针头向左前下方方向刺入深4.5～5厘米(刺入瓣胃时常有沙沙感)。为了证实是否刺入瓣胃,先注入生理盐水20～50毫升,来回抽动针芯,如见混有草屑之类的胃内容物抽回,即为刺入正确,可注入25%硫酸镁注射液30～40毫升、液状石蜡100毫升。注射完毕,局部消毒。如果抽吸时见有血液或胆汁,应立即拔出针头,重新刺入。目前,临床上使用的三胃注射枪,操作更为简单、方便。

7. 瘤胃穿刺 瘤胃穿刺常用于急性瘤胃膨胀的紧急排气治疗。穿刺方法:将羊站立保定,剪毛消毒。在左腹部中央,或左侧髂骨外角与最后肋骨中点连线的中央,也可在腹腔部膨胀最明显处做皮肤切口,将套管针头置于皮肤切口内,向右侧头方向迅速刺入 10～12 厘米，固定套管，抽出针芯，用手指不断堵住管口，缓慢放气。若套管堵塞，可插入针芯疏通。气体排出后，为防止复发，可经套管向瘤胃内注入防腐止酵药。然后，对皮肤切口做一针结节缝合，局部涂以碘酊。

瘤胃穿刺时应注意的问题：

第一，局部皮肤要消毒。剪毛后，先用 3%碘酊棉球擦拭，随后用 75%酒精棉球拭去碘质，再做注射。注射后，应用酒精棉拭去可能渗出的注射液，以防止感染。

第二，针头要消毒。注射针头必须严格消毒，要坚持打一针换一个针头。常用蒸汽消毒法或煮沸消毒法。

第三，先看后用。用药前必须仔细察看药名、剂量、药液是否浑浊与过期，确定药物可用后，方可抽取药液。

第四，注射操作要规范。抽完药液后，要将针筒内的空气排尽，同时察看针头是否通畅、锐利。注射的药液量要准确。

第五，注射后要消毒。药物注射完毕，用碘酊棉球或酒精棉球紧压针刺处止血、消毒。

8. 灌服水剂药物　将水剂药物（包括加水溶解的粉剂、片剂和丸剂）装入软塑料瓶、橡皮瓶或长颈玻璃瓶，右手拿药瓶，左手从羊右口角伸入口中，轻轻压迫舌头，然后将药瓶口从左口角伸至舌头中段，使药瓶与舌头呈 40°～45°角，即可将药物送入。药物送入速度以羊能够顺利吞咽为宜，如果羊出现咳嗽、打呛，应暂停灌服，检查并纠正灌服方法。羔羊可用 30 毫升注射器（不带针头）吸取水剂药物直接注入口腔。

9. 用胃管给羊灌药　羊插入胃管的方法有两种，一种是经鼻腔插入，一种是经口腔插入。

（1）*经鼻腔插入法*　先将胃管插入鼻孔，沿下鼻道慢慢送入，达到咽部时，有阻挡感，待羊出现吞咽动作时乘机送入食管；如羊不吞咽，可轻轻来回抽动胃管，诱发吞咽。胃管通过咽部后，如进入食管，继续深送会感到稍有阻力，这时要向胃管内用力吹气或用橡皮球打气，如见左侧颈沟有起伏，表示胃管已进入食管。如胃管误入气管，多数羊会表现不安、咳嗽，继续送胃管，感觉毫无阻力，向胃管内吹气，左侧颈沟看不见波动，用手在左右侧颈沟摸不到胃管，同时胃管一端有与呼吸一致的气流出现。

(2)经口腔插入法　先装好木质开口器，用绳子固定在羊头部，胃管通过木质开口器的中间孔，沿上腭直插入咽部，借助羊的吞咽动作可顺利地插入食管，继续深送，胃管即可到达胃内。胃管插入正确后，即可接上漏斗灌药。药液灌完后，再灌少量清水，然后取掉漏斗，用嘴对胃管吹气或用橡皮球打气，使胃管内残留的液体完全入胃，用拇指堵住胃管管口或折叠胃管，慢慢抽出。该法适用于灌服大量水剂及有刺激性的药液。患咽炎、咽喉炎和咳嗽严重的病羊不宜用胃管灌药。

10. 灌肠　灌肠是在羊发生便秘、中毒或中暑时采用的一种应急治疗。即将药物配成液体，直接灌入直肠内。给羊灌肠时，一般采用站立保定，先将羊直肠内的粪便清除，选用小型胃管或一端磨圆的橡皮管，前端涂上凡士林或植物油插入直肠内，另一端接上漏斗，加入灌肠液后，高举漏斗以增大灌肠液的压力，使其压入直肠内。灌肠完毕后一手压住肛门和尾根，另一手的手指掐压羊的腰荐部，防止药液的流出。停留一段时间后，药液可随羊努责排出。如此反复几次，再松手拔出橡皮管。灌肠液应与体温相一致，可用温水、生理盐水、2%盐水或肥皂水。治疗便秘时最好用肥皂水。

11. 止血方法

(1)压迫止血法　是用纱布压迫出血的血管，达到止血的目的。在手术过程中，经常使用纱布施行止血。在对创伤急救时，可用压迫绷带止血，即将灭菌纱布紧密填充于创伤部，盖上棉花，紧扎绷带。鼻出血可用纱布填塞患侧，压迫止血，但不超过48小时。

(2)**止血带止血法**　适用于四肢大血管出血，常用橡皮管，也可用绷带等来代替。扎止血带处先垫以纱布等物，避免止血带直接接触皮肤。止血带要扎得松紧适当，以能止血为宜。过紧会损伤神经或其他组织，过松不能止血。使用止血带的时间一般不得超过 2 小时，因为长时间压迫，可引起组织坏死。

(3)**止血钳止血法**　用止血钳夹住出血血管的断端，加以压迫捻转，适用于小血管出血。

(4)**结扎血管止血法**　是最常用的止血方法。一般在手术、创口上的出血点，先用止血钳夹住，再用丝线结扎。结扎时注意不要使结节线滑脱，剪线时要在打结处留下适当长的线端，线端过短则线结容易松开。

(5)**烧烙止血法**　烧烙的作用在于使血管断端收缩封闭，停止出血。烧烙是可靠止血方法之一，适用于弥漫性的小血管和静脉丛较多的黏膜出血。但烙铁要烧得红热为宜，如果烧得不够热，不能使血管断端充分收缩，达不到止血的目的；烧得过热，亦不适宜。烧烙止血法的缺点是损伤组织较多。

(6)**化学止血法**　可分局部和全身两种。局部止血剂常用的有 0.1%肾上腺素溶液和仙鹤草素注射液。对急性大出血，必须制止出血和缓解循环衰竭。可静脉注射 10%枸橼酸钠溶液 20～30 毫升或 10%氯化钙溶液 30～50 毫升。为解除循环衰竭，应立即静脉注射 5%葡萄糖盐水 500～1 000 毫升或输血 300～500 毫升，同时内服利尿素 1～2 克。

三、常见传染病防治

(一)口蹄疫

【流行特点】　口蹄疫病毒属于微核糖核酸病毒科口蹄疫病毒

属。目前已知口蹄疫病毒在全世界有 7 个主型，即 A、O、C、南非 1、南非 2、南非 3 和亚洲 1 型。我国流行的口蹄疫主要为 O、A、C 三型及亚洲 1 型。绵羊、山羊易感，偶尔感染人。病畜和潜伏期动物是最危险的传染源，病畜的水疱液、乳汁、尿液、口涎、泪液和粪便中均含有病毒。该病经消化道及呼吸道传染，但春、秋两季相对较多，风和鸟类也是远距离传播的因素之一。

【临床症状】 病羊精神沉郁，闭口，流涎，体温 40℃～41℃。发病 1～2 天后，其齿龈、舌面、唇内面可见蚕豆到核桃大的水疱和溃疡，涎液增多，趾间及蹄冠的皮肤上发生水疱，很快破溃，然后逐渐愈合。有的病羊乳头皮肤上有水疱。本病一般呈良性经过，经 1 周左右即可自愈，若蹄部有病变则可延至 2～3 周。有些病羊病情突然恶化，全身衰弱，肌肉发抖，心跳加快，节律失常，食欲废绝、反刍停止，羔羊发病时往往看不到特征性水疱，主要表现为出血性胃肠炎和心肌炎，死亡率很高；妊娠母羊可导致流产。

【剖检变化】 口腔、蹄部等处出现水疱和烂斑外，咽喉、气管、支气管和前胃黏膜有时出现烂斑和溃疡，真胃和肠黏膜有出血性炎症。心包膜有出血斑点，心肌切面有灰白色或淡黄色的出血斑点或条纹，称为“虎斑心”，心脏似煮熟状。

【诊断方法】 口蹄疫病变典型，易辨认，结合临床病学调查和剖检变化即可做出初步诊断，采用动物接种试验、血清学诊断可确诊。

【预防措施】 严格按照免疫程序实施免疫，种羊场、规模羊场免疫程序：种公羊和后备母羊每年接种 2 次，每 6 个月 1 次；生产母羊在产后 2 个月或配种前各免疫 1 次，羔羊出生后 4 个月免疫，隔 4 个月再次接种，其用量、注射方法及注意事项须严格按疫苗说明书执行。病羊疑似口蹄疫时，应立即报告相关部门机关，病羊就地封锁，对确诊病羊，要进行扑杀和无害化处理，不予治疗。工作人员外出要全面消毒，病羊采食剩余饲料或饮水要烧毁或深埋，畜舍及附近用2%氢氧化钠喷洒消毒。对疫区周围羊应紧急接种与当地流行的口蹄疫毒型相同的灭活苗。

(二)羊　痘

【流行特点】　羊痘病毒是一种乙醚敏感的DNA病毒，主要侵犯羊，四季均可发生，但春、秋两季发病相对较多，经呼吸道、消化道和受损的皮肤感染，病羊污染的饲料、饮水、土壤及病羊等均可成为传播媒介，该病在羊群传播速度很快，病羊痊愈后有终身免疫力。人接触病羊污染物也会感染羊痘，痊愈后也有终身免疫力。

【临床症状】　患羊精神沉郁，食欲减退，呼吸加快，体温升高至40℃～42℃以上，可视黏膜有卡他性及脓性炎症，潜伏期5～6天。初起皮肤有红色或紫红色的小丘疹、水疱、痂皮，痂四周有较特殊的灰白色或紫红色晕，其外再绕以红晕，最后变成结节、干燥及结痂而自愈。病程一般为3周，也可长达5～6周，仅有微热，局部淋巴结肿大。羔羊易并发眼结膜炎、鼻炎、咽炎及内脏器痘疱，并可继发肺炎、胃肠炎和脓血症等。

【剖检变化】　前胃、皱胃的黏膜及肠道黏膜上可见单个或融合的结节，黏膜糜烂或溃疡。咽和支气管黏膜可见痘疹，黏膜有出血性炎症，气管及支气管内充满混有血液的浓稠黏液，肺部有干酪样结节和卡他性炎症，有的肺部可见肝变区。肝脂肪变性、心肌变性及淋巴结急剧肿胀等。

【预防措施】

(1)*接种疫苗*　用羊痘弱毒冻干苗对羊群进行免疫接种。我国已生产绵、山羊痘弱毒冻干苗可预防绵羊痘，即在羊尾根内侧无毛处皮内注射0.5毫升(1头份)，4～7天可产生抗体，免疫期1年。

(2)*加强饲养管理*　首先要做好消毒、隔离防疫工作。对新购的羊要先隔离 30 天，不能随便让其与健康羊群接触。定期对场舍进行消毒，阻断病毒的感染，对病死羊要进行无害化处理。

【治疗方法】 对未发病的羊要进行紧急注射羊痘弱毒苗 2 头份/只，对已发病的羊接种羊痘弱毒苗 10 头份/只。有条件的养殖场可分离已痊愈羊免疫血清，成年羊皮下注射 20～30 毫升/只，对严重继发感染病羊注射抗生素及利巴韦林 8～16 毫升。用以下中药方剂治疗，效果亦很好。

(1)发病初期 取升麻 3 克、葛根 9 克、金银花 9 克、桔梗 6 克、浙贝母 6 克、紫草 6 克、大青叶 9 克、连翘 9 克、生甘草 3 克，水煎 2 次灌服。

(2)痘疹破溃期 取连翘 12 克、黄柏 15 克、黄连 3 克、黄芩 10 克、栀子 10 克，水煎灌服。

(3)病羊虚弱期 取沙参 12 克、麦冬 12 克、桑叶 15 克、扁豆 10 克、天花粉 9 克、玉竹 10 克、甘草 3 克，水煎 1 次灌服。

(三)传染性脓疱

传染性脓疱又称羊口疮。

【流行特点】 传染性脓疱病毒主要危害 3～6 月龄的羔羊，人也可感染。病羊和带毒羊为传染源，主要经损伤的皮肤和黏膜感染。由于病毒的抵抗力较强，本病在羊群内可连续存在多年。

【临床症状】

(1)唇型 口角、上唇或鼻镜上出现小红斑、小结节、水疱或脓疱，破溃后结成疣状硬痂，若为良性经过，1～2 周后痂皮干燥、脱落而康复。患部继续发生丘疹、水疱、脓疱、痂垢互相融合，波及整个口唇周围及颜面，眼睑和耳郭等部位形成大面积龟裂、出血，痂垢不断增厚，致使病羊采食、咀嚼和吞咽困难，日趋衰弱。

(2)蹄型 多见一个肢的蹄叉、蹄冠或系部皮肤上出现水疱、脓疱和溃疡及坏死。常波及皮基部和蹄骨，甚至肌腱或关节。病羊跛行，长期卧地，病情缠绵。严重者衰竭而死。

(3)外阴型　阴道有黏液性或脓性分泌物，肿胀的阴唇及其附近皮肤上出现溃疡，公羊阴囊鞘肿胀，出现脓疱和溃疡。

(4)乳房型　母羊乳头和乳房皮肤发生丘疹、水疱、脓疱、烂斑和痂垢，体温正常，很少死亡。

【剖检变化】 病羊口角、唇、舌面等部位有结痂、溃疡病变外，气管、肺出现充血现象，心肌和心外膜有点状出血，小肠壁变薄，轻度出血。

【诊断方法】 本病根据临床症状及流行情况做出初步诊断，可用血清学诊断方法进行确诊，诊断时应与羊痘进行区别。

羊痘：成年羊在秋季多发，持续高热 20 多天，全身体表、四胃有大小不等典型痘疹；肺表面有褐色圆形肺炎灶，有白色坏死中心，恶性预后不良。

羊口疮：羔羊在春季多发，在口角、上下唇部周围有增生性桑葚状突起的痂垢，体温正常或低温，没有继发感染 7 天痊愈。成年母羊乳头和乳房皮肤发生水疱和痂垢，体温正常，很少死亡。

【预防措施】

第一，禁止从疫区购进羊和饲料。

第二，购进羊只必须经过严格的检疫和消毒，隔离观察 3 周，经检疫证明无病，将蹄部彻底清洗消毒后方可进入大群饲养。

第三，在羊口疮病流行地区，母羊产前 20 天应接种羊口疮灭活疫苗 2 毫升。羔羊 3～5 日龄时，在口唇黏膜接种羊口疮弱毒细胞冻干疫苗 0.2 毫升(1 头份)，每隔 15 天接种 1 次，连续接种 2～3 次。羔羊和妊娠母羊接种羊痘苗对羊口疮具有一定的交叉免疫保护力，其免疫力可持续 4 个月，可以降低发病率。

第四，发病时做好被污染环境的消毒，特别是羊舍和饲管用具的消毒。可用 2％氢氧化钠、0.05％过氧乙酸或 0.1％消毒威彻底消毒 1 次。

【治疗方法】 先用水杨酸软膏将垢痂软化，除去痂垢，再用0.1%～0.2%高锰酸钾溶液进行冲洗创面，然后涂2%龙胆紫或5%碘甘油和碘伏，每日2～3次，直至痊愈。蹄部发生病变，可将蹄部置于5%～10%福尔马林溶液中浸泡1～2分钟，连泡3次，也可在第二天用3%龙胆紫溶液或5%碘甘油、碘伏和红霉素软膏涂拭患部。严重者还可肌内注射利巴韦林注射液10～16毫升，青霉素160万单位、链霉素100万单位进行治疗。

(四)炭 疽

【流行特点】 各种家畜及人都可感染此病，绵羊、山羊等草食动物最易感染发病。

本病多发于夏、秋两季，呈散发性流行。羊主要是采食了被炭疽杆菌污染的饲料或饮用了被污染的水源而感染，也可由吸血昆虫叮咬及黏膜创伤感染。其次是吸入含有炭疽芽孢的飞沫、尘埃，经呼吸道黏膜感染发病。病羊是主要传染源，被污染的土壤、水源和牧场可成为持久性的疫源地。

【临床症状】 羊多为最急性经过，初期常表现兴奋不安，体温升高，行走摇摆，心跳加速，呼吸加快，可视黏膜发绀，后期患羊突然倒地，全身战栗、昏迷、呼吸困难、磨牙，口、肛门、阴门等天然孔流出暗红色泡沫血水，血水呈酱红色，凝固不良，羊多在数分钟内死亡。

【病理变化】 一般怀疑为炭疽病时不做剖检，需要剖检时应在严格防护、隔离和消毒的条件下方能进行，防止扩散疫情和感染人。尸僵不全，四肢松软不硬，天然孔出血，血液呈酱红色，凝固不良，黏膜发绀有出血点。脾脏明显肿大，易碎，切面流出暗红色脾髓。淋巴结、肝脏、肾脏、心脏肿胀出血。

【诊断方法】 根据突然死亡，死后尸僵不全和天然孔出血等现象可做出初步诊断，但必须与羊快疫、羊巴氏杆菌病、羊猝殂急性致死的疫病加以鉴别。可采集静脉血、水肿液、血便或内脏送实验室检验。

【预防措施】

第一，每年定期皮下接种无毒炭疽芽孢苗(仅用于绵羊)或炭疽芽孢苗(山羊、绵羊均可用)。

第二，当发现不明死亡的病羊时，必须立即报告当地动物检疫部门，经过兽医检验人员检验后再做处理。同时，隔离病羊，立即用漂白粉溶液或过氧乙酸对被污染的畜舍、场地以及用具进行喷洒消毒。对被污染的饲料、粪便用焚烧、深埋的方法进行处理。

第三，当确诊为炭疽病时，病羊不得解剖，更不得食用，应将病羊尸体及污染物焚烧再洒上消毒药深埋处理。

第四，对出现炭疽病例的羊群，所有羊只肌内注射青霉素、链霉素，连续注射 5 天，每日 2 次。

(五)羊黑疫

【流行特点】　本菌为革兰氏阳性大杆菌，主要感染 1 岁以上的绵羊，以 2～4 岁的绵羊发病最多，发病羊多为肥胖羊只。该病的发生与肝片吸虫的感染程度密切相关。主要发生于低洼、潮湿地区，以春、夏季多发。

【临床症状】　病羊主要呈急性经过，不表现临床症状即突然死亡。少数病例可拖延 1～2 天，主要表现为食欲废绝，反刍停止，精神不振，呼吸急促，体温升高达 41℃，最后昏迷而死。本病在临床上与羊快疫、羊肠毒血症等极其类似。

【剖检变化】　病羊尸体皮肤呈暗黑色，皮下静脉充血明显，皮下组织水肿。胸、腹腔内有黄红色液体，左心室心内膜下常出血。肝脏充血肿胀，有不规则圆形的坏死灶，坏死灶呈灰黄色，周围有鲜红色的充血带围绕，直径可达 2～3 厘米。真胃幽门部和小肠充血和出血。

【诊断方法】 在肝片吸虫流行的地区发现急性死亡的病羊，剖检可见特殊的肝脏坏死变化可做出初步诊断。必要时可做细菌学和毒素检查。

【防治措施】

第一，灌服丙硫苯咪唑(10 毫克/千克体重)，控制肝片吸虫的感染。

第二，定期皮下或肌内接种羊厌氧菌病五联苗 5 毫升进行预防。

第三，治疗可肌内注射青霉素 80 万～160 万单位，每日 2 次；静脉、肌内注射抗诺维氏梭菌血清，每次 30～50 毫升，注射 1～2 次。

(六)羊快疫

【流行特点】 本病是由腐败梭菌引起的一种急性传染病。主要发生于 6～18 月龄膘情好的绵羊。羊采食被腐败梭菌污染的饲料和饮水，芽孢进入羊消化道，多数不发病。但当气候骤变引起机体抗病能力下降时，腐败梭菌大量繁殖，产生外毒素引起羊发病死亡。常呈地方性流行，发病率为 10%～20%，病死率约为 90%。

【临床症状】 病羊突然出现停止采食和反刍，腹痛，呻吟，拱背。后躯摇摆，呼吸困难，口、鼻流出带泡沫的液体。痉挛倒地，四肢呈游泳状划动，2～6 小时内死亡。

【剖检变化】 病羊皱胃黏膜呈出血性炎症，底部有大小不等的出血斑。胸腔、腹腔、心包和十二指肠黏膜有明显的充血、出血，甚至形成溃疡。

【防治措施】

第一，每年应定期接种羊厌氧菌病三联苗(羊快疫、羊猝殂、羊肠毒血症)或五联(羊快疫、羊肠毒血症、羊猝殂、羊黑疫和羔羊痢疾)灭活疫苗。

第二，加强饲养管理，严禁羊采食霜冻饲料，防止受寒冷刺激。

（七）羊肠毒血症

该病以发病急，死亡快，死后多以肾脏软化为特征，所以又称软肾病。

【流行病学】 本病主要是由 D 型魏氏梭菌产生毒素所引起的绵羊急性传染病。以绵羊发病居多，山羊发病较少。通常以 2～12 月龄、膘情较好的羊为主。春夏之交时和秋季发病较多，多呈散发流行。

【临床症状】 突然发作，很少能见到症状就死亡。在倒毙前四肢出现强烈的划动，肌肉颤搐，眼球转动，磨牙，流涎，随后头颈显著抽缩，继而昏迷，角膜反射消失，往往死于发病后的 2～4 小时内。有的病羊发生腹泻，排出褐色或绿色粪便。

【剖检变化】 肝肿大，有黄白色的坏死斑。肾肿大，质地松软，肾脂肪囊水肿，膀胱黏膜出血。肺门淋巴结出血，周围有黄色胶冻状物，心外膜水肿。肠道出血，肠系膜淋巴结水肿，出血。大网膜有多处凝血块，腹腔有血红色液体，瘤胃、真胃及小肠黏膜弥漫性出血。

【诊断方法】 本病的确诊除根据临床症状外，还需进行实验室诊断，采集小肠内容物、肾脏及淋巴结等制片染色镜检。

【防治措施】

第一，常发区定期接种羊厌氧菌病三联苗或五联苗，成年羊和羔羊一律皮下或肌内注射 5 毫升，羔羊还可以接种魏氏梭菌 D 型疫苗。

第二，对病程较缓慢的病羊，可肌内注射青霉素 80 万～160 万单位，每日 2 次，可采取强心、补液、镇静等措施进行对症治疗，有时尚能治愈少数病羊。

(八)羊猝殂

【流行特点】 本病主要是由C型产气荚膜杆菌引起的,以急性死亡为特征。多发生于1~2岁成年绵羊,常流行于潮湿、低洼地区,冬春季节多发。主要经消化道感染,呈地方性流行。

【临床症状】 病变和羊肠毒血症基本类似。病羊病程很短,一般表现为急性死亡。有的病羊突然无神,侧身卧地,剧烈痉挛,咬牙,眼球突出,惊厥而死。

【剖检变化】 真胃、肠道呈炎症变化,小肠溃疡,大肠壁血管怒张、出血。心包、胸腔及腹腔积液,心外膜有出血点,肾脏变性。

【防治方法】 定期注射羊快疫、羊猝殂和羊肠毒血症三联苗。

(九)羔羊痢疾

【流行特点】 本病是由B型魏氏梭菌引起的,以剧烈腹泻和小肠发生溃疡为特征。B型魏氏梭菌主要危害7日龄以内的羔羊,其中2~3日龄的羔羊发病最多,高代杂交品种羔羊死亡率甚高。本病传染来源是病羔,其粪便内含有大量病原菌,污染羊舍和周围环境,经消化道、脐带和外伤等途径而感染。羔羊体质瘦弱,气候寒冷,饥饱不匀,均可降低羔羊抵抗力,引起羔羊痢疾。

【临床症状】 自然感染的潜伏期为1~2天,病初精神沉郁,食欲减退,继而腹泻,粪便恶臭、带血,状如面糊。病羔逐渐虚弱,卧地不起,常在1~2天内死亡。有的羔羊以神经症状为主,四肢瘫软,卧地不起,呼吸急促,口流白沫,最后昏迷,体温降至常温以下,常在数小时到十几小时内死亡。

【剖检变化】 尸体脱水,真胃内存在未消化的凝乳块,小肠黏膜充血发红,溃疡周围有一出血带环绕,肠出血,肠系膜淋巴结肿胀充血、出血。心包积液,心内膜有出血点,肺充血或淤血。

【诊断方法】 根据流行病学、临床症状和病理变化一般可以做出初步诊断，确诊需通过实验室鉴定病原菌。另外，沙门氏菌、大肠杆菌和肠球菌也可引起初生羔羊腹泻，应注意区别。

【预防措施】 母羊每年秋季注射1次羔羊痢疾苗，在产前2～3周再接种1次；产前还可皮下注射1次羊厌气菌病五联苗或六联苗（羊肠毒血症、羊快疫、羊猝狙、羊黑疫、羔羊痢疾和大肠杆菌病），使羔羊在母体内获得抗体。

【治疗方法】 治疗以清理肠道、杀菌消毒为主。

①取磺胺脒0.5克、鞣酸蛋白0.2克、次硝酸铋0.2克、碳酸氢钠0.2克、土霉素0.1克，加水灌服，每日3次。在选用上述药物的同时，也可注射氟苯尼考、氧氟沙星、恩诺沙星等，可获得良好效果。

②中药治疗。取苦参4克、穿心莲3克、罂粟壳1克、神曲30克，以上药共研碎，水煎灌服，连用1～3天。

（十）羔羊大肠杆菌病

【流行特点】 羔羊大肠杆菌病多发于6周龄内的羔羊，病羔和带菌者是主要传染源，通过污染水源、饲料及乳头和皮肤而感染，呈地方性流行。冬、春季多发，与天气骤变、圈舍潮湿和污秽、羔羊先天性发育不全或后天营养不良有关。

【临床症状】 2～6周龄羔羊发病后，体温41℃～42℃，精神沉郁，迅速虚脱，粪便稀薄，混有气泡及血液，共济失调，磨牙，视力障碍，有的出现关节炎。羔羊表现腹痛，虚弱，严重脱水，不能站立，24～36小时死亡。

【剖检变化】 尸体消瘦，严重脱水。肠内充满黄灰色液状内容物，肠黏膜充血、出血点，肠系膜淋巴结肿大、出血。病羊可见胸、腹腔和心包大量积液，心肺表面有纤维素样渗出物。腕关节肿大，内含脓性絮片。脑膜充血、血点，大脑沟有多量脓性渗出物。

【诊断方法】 根据流行病学、临床症状和剖检变化进行诊断。从病灶组织、血液或肠内容物分离致病菌，应与魏氏梭菌引起的羔羊痢疾相区别。

【预防措施】 母羊要加强饲养管理,做好母羊的抓膘工作,同时应注意羔羊的保暖防寒工作,对病羔要立即隔离,及早治疗。对污染的环境、用具用3%~5%来苏儿溶液消毒。用本场流行的血清型大肠杆菌制备多价活疫苗接种妊娠母羊,可使羔羊获得被动免疫。

【治疗方法】 大肠杆菌对新霉素、甲砜霉素、磺胺脒、庆大霉素、恩诺沙星、环丙沙星等药物敏感。磺胺脒首次每千克体重内服1克,以后每隔6小时,每千克体重内服0.5克。肌内注射庆大霉素每千克体重2~4毫克;恩诺沙星或环丙沙星按每千克体重3毫克。心脏衰弱时皮下注射25%安钠咖注射液0.5~1毫升,对脱水严重的羊静脉注射5%葡萄糖盐水50~100毫升。

(十一)羊传染性胸膜肺炎

【流行特点】 引起绵羊传染性胸膜肺炎的病原为支原体,在自然条件下,3岁以下的羊最易感染。绵羊肺炎支原体可感染山羊和绵羊。病羊和带菌羊是本病的主要传染源。本病常呈地方性流行,主要通过空气经呼吸道传染,多见于冬季和早春枯草季节。营养缺乏的羊只,容易受寒感冒,机体抵抗力降低,较易发病。

【临床症状】 潜伏期18~20天。根据病程和临床症状,可分为最急性、急性和慢性3种类型。

(1)最急性 病初体温增高,可达41℃~42℃,极度委顿,食欲废绝,数小时后出现肺炎症状,呼吸困难,咳嗽,并流浆液带血鼻液。病羊卧地不起,四肢直伸。黏膜高度充血,发绀,目光呆滞,呻吟哀鸣,不久窒息而亡。病程一般不超过5天。

(2)急性 病初体温升高,咳嗽,4~5天后,鼻液转为脓性并呈铁锈色,高热稽留不退,食欲锐减,呼吸困难,眼睑肿胀,流泪,眼有脓性分泌物,口流泡沫状唾液。有的发生臌胀和腹泻。口唇和乳房等部易出现皮疹。70％～80％的妊娠母羊流产。

(3)慢性　身体衰弱，症状轻微，体温降至40℃左右。病羊间有咳嗽和腹泻，鼻液时有时无，被毛粗乱，很容易出现并发症而迅速死亡。

【剖检变化】 胸腔常有淡黄色液体，纤维素性肺炎，颜色由红至灰色不等，切面呈大理石样，胸膜变厚而粗糙，附着有黄白色纤维素渗出物，与肋膜及心包粘连。心包积液，心肌松弛、变软。急性病例还可见脾肿大，胆囊肿胀，肾肿大和出血。

【诊断方法】 本病的流行规律、临床表现和病理变化都很有特征，根据这3个方面可以做出初步诊断。临床和病理变化与羊链球菌病及巴氏杆菌病相似，确诊需进行病原分离鉴定和血清学试验。

【预防措施】

第一，防止引入病羊和带菌者。新引进羊只必须隔离检疫1个月以上，确认健康时方可混入大群。

第二，发病羊群应进行封锁，及时对全群进行逐头检查，对病羊及可疑病羊分群隔离治疗。

第三，对被污染的羊舍、场地、饲管用具应进行彻底消毒。

第四，免疫接种绵羊肺炎支原体灭活苗。

【治疗方法】 可选用泰乐菌素、泰妙菌素及阿奇霉素等进行治疗。泰乐菌素每千克体重20～50毫克，每日2次，连用7天，间隔5天后，再用3天。每100升饮水中加入5～10克泰妙菌素或阿奇霉素自由饮水，连用7天。每千克体重肌内注射泰妙菌素20毫克，每日1次，5天为1个疗程，治疗2个疗程。肌内注射清开灵注射液5～10毫升，每日1次，连用3天。

(十二)羊链球菌病

【流行特点】 羊链球菌病是链球菌属C群兽疫链球菌引起

的。绵羊对该病易感性高，山羊次之，病羊和带菌羊为传染源，病死羊的肉、骨、皮、毛等亦可散播病原。呼吸道为主要传播途径，也可经皮肤创伤、羊虱蝇叮咬等途径传播。新发区常呈流行性发生，老疫区则呈地方性流行或散发。

【临床症状】

(1)急性型　病羊体温升高至 41℃，呼吸困难，精神不振，食欲低下，反刍停止。流涎，鼻孔流浆液性、脓性分泌物，结膜充血。有时可见眼睑及面颊及乳房部位肿胀，咽喉部及下颌淋巴结肿大。粪便松软，带有黏液或血液。病死前常有磨牙、呻吟及抽搐现象，病程 1～3 天。

(2)亚急性型　体温升高，食欲减退。嗜卧、不愿走动，走时步态不稳，咳嗽，流鼻液，病程 1～2 周。

(3)慢性型　一般轻微发热，病羊食欲不振，咳嗽，消瘦。腹围缩小、步态不稳、僵硬。有的出现关节炎。病程 1 个月左右。

【剖检变化】　主要以败血性变化为主。尸僵不明显。各脏器广泛出血，肺脏呈大叶性肺炎，有时肺脏尖叶有坏死灶，肺脏常与胸壁粘连。胆囊肿大。肾脏质肿胀、梗死，各脏器浆膜面常覆有黏稠的纤维素样物质。

【诊断方法】　羊链球菌病与羊巴氏杆菌病在临床症状和病理变化上很相似，常通过细菌学检查做出鉴别诊断。

【预防措施】　每年发病季节到来之前，用羊链球菌氢氧化铝甲醛菌苗进行预防接种，大、小羊一律皮下注射 3 毫升，3 月龄以下羔羊，2～3 周后重复 1 次，免疫期可维持半年以上。

【治疗方法】

(1)药物治疗　早期可用青霉素、壮观霉素、菌必治、氧氟沙星或头孢曲松钠药物治疗。青霉素 80 万～160 万单位，每日肌内注射 2 次，连用 2～3 天；盐酸林可霉素、壮观霉素注射液按 0.1～0.2 毫升/千克体重的剂量肌内注射，每日 1 次，连用 5～7 天；头孢曲松钠 1～2 克、地塞米松 2～5 毫克、0.5% 氯化钠注射液 250～500 毫升、维生素 C 5～10 毫升、维生素 B_1 25～10 毫升，混合后 1 次缓慢静注。每日 2 次，连用 2 天，症状减轻后改为每日 1 次，呼吸困难的羊肌内注射尼可刹米。

(2)局部处理　先将下颌、关节及脐部等处局部脓肿切开，清除脓汁，再用双氧水清洗消毒，生理盐水冲洗干净，然后涂碘酊和抗生素软膏。

(3)中药治疗　取麻黄 8 克、杏仁 10 克、石膏 20 克、紫苏 10 克、前胡 10 克、黄芩 10 克、鱼腥草 30 克、甘草 8 克，水煎服。

(十三)布鲁氏菌病

【流行特点】　布鲁氏菌在自然环境中生活力较强，在病畜的分泌物、排泄物及死畜的脏器中能生存 4 个月左右，在食品中生存 2 个月。对常用化学消毒剂较敏感。本病一年四季均可发病，牧区发病率高于农区，呈点状暴发流行。羊采食被污染的饲料及舔食来自生殖道的感染物容易感染。经常接触病羊的人最容易感染本病。

【临床症状】　多数病例为隐性感染，妊娠母羊发生流产是该病的主要症状，多发生于妊娠后的 3～4 个月。有时患病羊发生关节炎、滑液囊炎和跛行。少数羊发生角膜炎和支气管炎。公羊可引起化脓性睾丸炎和附睾炎，睾丸肿大，后期睾丸萎缩，关节肿胀和不育。

【剖检变化】　肝脏、脾脏、淋巴结、心脏、肾脏等以浆液性炎性渗出；淋巴呈弥漫性增生，稍后常伴纤维细胞增殖和肉芽肿，肉芽肿进一步发生纤维化，最后造成组织器官硬化。

【诊断方法】　母羊表现流产、胎衣滞留、子宫炎、阴道炎和乳腺炎等。公羊表现为睾丸炎、附睾炎、阴囊肿大、关节炎和滑囊炎等。确诊应做血清学试验或细菌学检验，以凝集试验、补体结合试验为主要方法。

【预防措施】

第一，购进种羊时，要对购进羊只进行严格检疫，隔离观察2个月，确定健康后方可进入羊群。全群每半年定期检疫1次，一旦发现有阳性，应隔离6个月重检1次，两次检疫为阳性者，应按带菌病羊进行淘汰处理。病羊的流产物及死羊必须深埋。对其污染的环境用20%漂白粉或10%石灰乳消毒。

第二，在当地动物防疫部门的指导下，进行免疫接种。口服布氏杆菌猪型Ⅱ号菌苗，每只绵羊用量为100亿活菌，也可皮下或肌内注射。免疫期均为3年。皮下接种布氏杆菌羊型5号菌苗，每只用量10亿个活菌。

(十四)传染性结膜角膜炎

传染性结膜角膜炎又称“红眼病”，是羊常见的一种急性传染病。

【流行特点】 本病以春、秋发病较多，但季节性不强。圈舍狭小、羊群密度大、空气污浊是本病主要诱因。

【临床症状】 病羊最初眼睛怕光流泪，眼睑半闭，眼内角流出浆液或黏液性分泌物，不久则变成脓性，结膜潮红充血，其后发生角膜炎和角膜溃疡。随着病情的发展，可继发虹膜炎，以后浑浊度增加，呈云翳状。

【预防措施】 预防本病的办法是保持圈舍通风透气，清洁卫生，无明显的氨气味，面积要适中，严禁羊群密度过大。发病后，如果能及时治疗并改变空气污浊的环境条件，一般呈良性经过。

【治疗方法】

①病初可用青霉素粉或辛红液点眼，每日2次。连点2～3天。

②角膜浑浊时，可采用自血疗法。即用2毫升注射用水稀释

1 支青霉素后采取该病羊全血 5～10 毫升，混匀后立即分点注射于眼睑皮下或直接注射于眼底。间隔 2～3 天后，可根据情况再注射 1～2 次。

(十五)腐蹄病

腐蹄病又称羊坏死杆菌病。

【流行特点】 多发生于低洼潮湿地区和多雨季节，呈散发性或地方性流行。绵羊比山羊易感。坏死杆菌广泛存在于动物的饲养场、被污染的土壤、沼泽地、池塘等处，还存在于健康动物的口腔、肠道和外生殖器等处。病原菌主要通过羊损伤的皮肤和黏膜感染。圈舍及放牧地面潮湿是本病的主要诱因。

【临床症状】 患羊病初出现跛行，蹄高抬不敢着地，蹄冠与趾间发生肿胀、热痛，而后溃烂，挤压肿烂部有发臭的脓液流出，随病变发展，可波及肌腱、韧带和关节，有时蹄壳脱落。在蹄底可发现小孔或大洞。病羊放牧采食受到影响，身体逐渐消瘦。

【预防措施】 尽量避免蹄部外伤，经常清除运动场上的污泥、石块及其他异物。保持圈舍卫生、干燥，忌长期在低洼潮湿的地方放牧或卧息。

【治疗方法】

①病初，可用 10%硫酸铜溶液浸泡，每次 10～30 分钟，每日早、晚各 1 次。

②蹄化脓时，先用尖刀挖除坏死部分，再用 1%高锰酸钾溶液或 3%来苏儿溶液或食醋冲洗创面，也可用 6%福尔马林或 5%～10%硫酸钠溶液浸泡蹄部，最后涂以消炎粉、松节油或抗生素软膏，并用绷带包扎患部。

(十六)假结核病

假结核病多侵害局部淋巴结，形成脓肿，脓呈干酪样，故又称干酪样淋巴结炎。

【流行特点】 本病分布广，发病率高。绵羊、山羊和骆驼均可患病。由于结核棒状杆菌不仅存在于粪便和自然界的土壤中，也存在于动物的肠道、皮肤及被感染器官，特别是化脓的淋巴结中，可随脓汁、粪便等排出而污染羊舍、草料、饮水和饲用器具，使健康羊受到污染。本病主要通过伤口传染，如打号、去角、脐带处理不当、尖锐异物等引起的外伤等均可成为该病原菌侵入羊体的门户，也可通过消化道、呼吸道以及吸血昆虫传染。

【临床症状】 根据病变发生的部位，临床上可分为体表型、内脏型和混合型3种。其中以体表型多见，混合型次之，内脏型较少见。

(1)体表型　病羊一般无明显的全身症状，病变常局限于体表淋巴结，以腮腺淋巴结肿胀最常见，颈前、肩前淋巴结次之，乳上、股前淋巴结等较少见。肿胀的淋巴结呈圆形或椭圆形，有的大如碗口，形成脓肿，继而破溃，流出淡黄绿色或黄白色浓稠如牙膏样的脓汁，脓汁排出后数日即可结痂痊愈。有时在原处或邻近淋巴结或周围组织又出现新化脓灶。患羊通常表现为消瘦、生长发育受阻，生产性能下降，但很少死亡。

(2)内脏型　内脏器官上形成化脓灶和干酪样病灶。病羊出现不同程度的全身症状，食欲下降，精神不振，贫血，消瘦，咳嗽，流鼻液，呼吸次数增加。后期体温升高，经抗生素类药物治疗后降至正常，但停药后又可上升。病程较长，死亡率较高。

(3)混合型　兼有上述两种症状。

【预防措施】

①定期检查羊，发现体表淋巴结肿大、化脓者，应隔离饲养。

②对自然破溃污染的场所应进行彻底消毒。对成熟脓肿切开排脓时，应用器具收集脓汁，妥善处理，防止病菌扩散。

③坚持临床检查，及时治疗与淘汰。

【治疗方法】

①对有全身症状的病羊，可用0.5%黄色素注射液10～15毫升，一次静脉注射，同时肌内注射青霉素160万～320万单位，每日2～3次。

②局部病变可在脓肿成熟、触之有波动、表面被毛脱落、皮肤发红时，切开排脓，脓腔涂以稀碘酊。

四、常见寄生虫病防治

(一)肝片吸虫病

【病　因】　肝片形吸虫是一种寄生在羊胆管内的蠕虫病，多呈地方性流行，可引起绵羊大批死亡。

【临床症状】　成年羊寄生少量虫体往往不表现病状；羔羊寄生少量的虫体，表现出极明显的症状。

(1)急性型　病羊初期轻度发热，食欲减退，排黏液性血便，全身颤抖，虚弱和容易疲倦，腹泻、黄疸、腹膜炎等症状。肝区有压痛表现。发病后迅速出现贫血，黏膜苍白，有的病例在几天后便死亡。

(2)慢性型　病羊消瘦，食欲减退，被毛粗乱无光，步行缓慢，便秘与腹泻交替发生，贫血逐渐加重，黏膜苍白或黄染，眼睑、颌下、胸下及腹下发生水肿，严重病羊出现胸水和腹水。患病的母羊乳汁稀薄，妊娠母羊流产，最后因极度衰竭而死亡。

【剖检变化】　主要表现肝肿大，肝组织可表现出广泛性的炎症，肝实质梗塞，肝胆管扩张，胆囊壁肥厚，有时可发现胆道内肝片形吸虫。肠壁可见出血灶，纤维蛋白性腹膜炎。

【诊断方法】　根据流行特点，临床症状及剖检在肝脏找到虫体可确诊；粪便沉淀检查发现虫卵确诊肝片形吸虫病。

【预防措施】

第一，定期驱虫。根据本地区流行情况，用丙硫咪唑驱虫，每千克体重20毫克，每年2次，第一次在秋末冬初10～11月份，第二次在来年4～5月份。

第二，对羊粪及时清理堆积发酵，杀死虫卵。

第三，注意饮水及饲草卫生，避开有椎实螺的地方放牧，以防感染囊蚴。给羊饮用洁净的自来水或井水。

【治疗方法】 丙硫咪唑按每千克体重30～45毫克，1次灌服；丙硫苯咪唑(肠虫清)按每千克体重15～25毫克，1次灌服；肝蛭净(三氯苯唑)按每千克体重10毫克，1次灌服。配合肌内注射维生素B_{12}针剂，每日4支，连用5天。

(二)羊肺线虫病

【病　因】 羊肺线虫病是由网尾科和原圆科的线虫寄生在羊呼吸系统导致支气管炎和肺炎的疾病。

【临床症状】 羊群遭受感染时，咳嗽，打喷嚏，常咳出含有虫体及虫卵的黏液团块，呼吸急促，鼻孔中排出黏稠分泌物，干涸后形成鼻痂。逐渐消瘦，贫血，头、胸及四肢水肿。

【剖检变化】 肺膨胀不全和肺气肿，肺表面隆起，呈灰白色，触摸时有坚硬感，支气管中有黏性或脓性分泌物；气管、支气管及细支气管内可发现不同数量的大、小肺线虫。

【诊断方法】 可依据其症状表现，用漏斗幼虫分离法在粪便中查到第一期幼虫，可做出确诊。

【预防措施】 该病流行区内，每年应对羊群进行1～2次普遍驱虫，可在饲料中加入硫化二苯胺，用量：成年羊1克、羔羊0.5克，让羊自由采食。

【治疗方法】 丙硫咪唑按每千克体重30～45毫克口服；苯硫咪唑按每千克体重5毫克口服；左旋咪唑按每千克体重7.5～12

毫克口服;阿维菌素按每千克体重 0.2 毫克,1 次肌内注射或皮下注射。

(三)羊血吸虫病

【病　因】　羊血吸虫病是由血吸虫寄生在羊门静脉、肠系膜静脉和盆腔静脉内,引起贫血、消瘦与营养障碍的一种疾病。

【临床症状】

(1)急性　病羊体温升高,食欲减退,精神不振,呼吸急促,有浆液性鼻液,腹泻,消瘦及贫血等。患羊站立困难,全身虚脱,可造成大批死亡。

(2)慢性　患羊消瘦,黏膜苍白,下颌及腹下水肿,消化不良,腹泻不止,病羊后期会发生肝炎、肝硬化,肠溃疡和血便。母羊不发情、不孕或流产。羔羊生长和发育受阻。

【剖检变化】　尸体消瘦、贫血、腹水。肠系膜及大网膜胶冻样浸润,有出血点或坏死灶,肠系膜淋巴结水肿。肝脏质地变硬,肝表面可见灰白色网状组织的凹陷纹理,散布着灰白色坏死结节,肝脏在初期多表现为肿大,后期多表现为萎缩,被膜增厚,呈灰白色。

【诊断方法】　根据寄生虫数量及病理变化来确诊。在粪检时可采用粪便沉淀孵化法,根据粪中孵出的毛蚴进行诊断。

【预防措施】　在每年 4～5 月份和 10～11 月份定期驱虫。选择无螺水源,以杜绝尾蚴的感染。结合水土改造工程或用灭螺药物杀灭中间宿主,阻断血吸虫的发育途径。疫区内粪便进行堆肥发酵和制造沼气,既可增加肥效,又可杀灭虫卵。

【治疗方法】　硝硫氰胺按每千克体重 4 毫克,配成 2%～3% 水悬液,颈静脉注射;吡喹酮按每千克体重 30～50 毫克,1 次口服。

(四)绦虫病

【病　因】　绦虫病是绦虫寄生于羊小肠中影响消化功能和生

长发育，甚至可引起羔羊死亡的一种肠道寄生虫。

【临床症状】 感染初期，羔羊食欲减少，腹泻、腹痛，粪便带有白色的孕卵节片，可视黏膜苍白，消瘦。患羊常卧地不起，抽搐，头向后仰或常做咀嚼动作，口周围留有许多泡沫。

【诊断方法】 根据患病羔羊临床症状、解剖时可见绦虫节片可以初步诊断。用盐水漂浮法处理粪便，镜检发现虫卵，可确诊为绦虫病。

【预防措施】 每年春、秋季进行 2 次驱虫，放牧羊每 40 天驱虫 1 次，效果更好。成年羊和羔羊分群饲养，避免到潮湿和有地螨的地方放牧，也不要在雨后或有露水的草场放牧。对粪便和垫草要堆肥发酵，杀死粪内虫卵。

【治疗方法】 丙硫苯咪唑(抗蠕敏)按每千克体重 5～10 毫克口服；灭绦灵按每千克体重 50 毫克口服；硫双二氯酚按每千克体重 40～60 毫克口服；丙硫苯咪唑按每千克体重 30 毫克口服。

(五)脑多头蚴病

【病　因】 脑多头蚴病又叫脑包虫病。本病是由多头绦虫的幼虫(多头蚴)寄生于羊的脑、脊髓内而引起脑炎、脑膜炎等一系列症状的疾病。

【临床症状】 感染初期出现体温升高、呼吸及脉搏加快、兴奋、前冲或后退等神经症状，数日内恢复正常。随着虫体在脑内寄生的部位不同，表现症状也不同。如寄生在大脑前部，病羊则向前直跑，直至头顶在墙上，向后仰；如寄生在大脑后部则头弯向背面；如寄生在小脑，羊则表现四肢痉挛，体躯不能保持平衡。随着脑包虫逐渐长大，病羊精神沉郁，食欲减退，垂头呆立。在脑包虫感染后期，虫体寄生脑部浅层的头骨往往变软，皮肤隆起。

【诊断方法】 根据临床症状、病史、头部触诊综合判定，可应用 B 超仪探查确诊寄生部位，剖检病变部囊肿，抹片镜检发现脑多头蚴即可确诊。

【预防措施】　不要让狗采食患有脑包虫的羊脑，对养羊场或农户所养的狗要定期给予驱虫，驱虫后，对狗粪便集中深埋或者焚烧处理。

【治疗方法】

(1)手术治疗　通过手术摘除患羊脑内的虫体。患部定位后，局部剃毛，消毒，将皮肤做“U”字形切口，打开术部颅骨，先用注射器吸出囊液，再摘除囊体，然后对伤口做一般外科处理，术后3天内连续注射青霉素防止细菌感染。也可不做切口，直接用注射针头从外面刺入囊内抽出囊液，再注入75%的酒精1毫升。

(2)药物治疗　内服吡喹酮，每千克体重50毫克，连用5天，或者每千克体重70毫克，连用3天。

(六)消化道线虫病

【病　因】　羊消化道线虫病是羊消化道线虫寄生在羊胃肠引起消化紊乱及胃肠道炎为特征的寄生虫病。线虫种类主要为捻转血矛线虫，奥斯特线虫、马歇尔线虫，毛圆线虫，细颈线虫、古柏线虫和仰口线虫等。

【临床症状】　病羊主要表现为消瘦、贫血、腹泻，眼结膜苍白，严重病例下颌间隙水肿、发育受阻。少数病例体温升高，呼吸心跳快而弱，最后衰竭死亡。

【剖检变化】　尸体消瘦、贫血，羊消化道有线虫寄生。胸、腹腔内有淡黄色渗出液，大网膜、肠系膜胶冻样浸润。肝脏、脾脏萎缩及变性。真胃黏膜水肿，有时可见虫咬的痕迹和粟粒大小结节，小肠和盲肠黏膜有卡他性炎症，大肠有溃疡性和化脓性病灶，可见到黄色小点状的结节。

【诊断方法】　可用饱和盐水漂浮法检查新鲜粪便，发现虫卵即可确诊。羊死后剖检，可从消化道内发现虫体进行鉴定，就可区别是哪种线虫所引起的疾病。

【预防措施】 定期驱虫可很好地控制该病的发生,一般可安排在每年春、秋季各驱虫1次,驱虫后粪便堆积发酵处理。羊群应饮用卫生的水,避免在潮湿低洼地带放牧。

【治　疗】 丙硫咪唑按每千克体重15～40毫克灌服;左旋咪唑按每千克体重5～10毫克口服、皮下或肌内注射;阿维菌素按每千克体重0.2毫克1次肌内注射或皮下注射。

(七)羊梨形虫病

【病因及流行】 羊梨形虫病是由泰勒科和巴贝斯科的各种原虫引起的血液原虫病,俗称羊焦虫病。本病呈地方性流行,硬蜱是此病传播的中间宿主,有明显的季节性,一般在4～10月间,羔羊多呈急性经过,死亡率高。患病耐过的羊有带虫免疫现象,不再发生此病。

【临床症状】

(1)*羊泰勒虫病* 羊体消瘦,精神沉郁,体温升高到41℃,呈稽留热型,食欲减退,呼吸急迫,脉搏加快,心律失常,便秘或腹泻,尿黄。四肢僵硬,喜卧地,眼结膜初为充血,继而苍白黄染,体表淋巴结肿大,肩前淋巴结肿大尤为显著,可由核桃大至鸭蛋大,触之有痛感。

(2)*羊巴贝斯虫病* 体温升高至稽留数日,精神委靡,食欲废绝,呼吸浅表,脉搏加速,可视黏膜苍白,高度黄染。血液稀薄,尿血,腹泻。后期出现神经症状,倒地死亡。

【剖检变化】 羊泰勒虫病可见尸体消瘦,贫血,全身淋巴结不同程度的肿大,尤以肩前、肠系膜、肝脏、肺脏等处淋巴结肿大更为明显。肝脏、脾脏肿大。真胃黏膜有溃疡斑,肠黏膜有少量出血点。巴贝斯虫病可见黏膜与皮下组织贫血、高度黄染。脾肿大有出血点,胆囊肿大,充满胆汁。膀胱扩张,充满红色尿液。瓣胃塞满干硬的物质。

【诊断方法】 在高温季节、有高热、贫血、黄胆及血红蛋白尿症状，存在中间宿主硬蜱，实验室检查发现虫体即可确诊。

【预防措施】 本病流行区在发病季节到来之前，在羊身上和栏舍用 0.006%氯氰菊酯水乳液喷雾灭蜱，防止蜱叮咬而发病。在每年 5～10 月份对羊进行药物预防注射，用贝尼尔按每千克体重 5 毫克配成溶液，深部肌内注射 1 次，也可选用焦虫疫苗按说明使用。

【治疗方法】

①贝尼尔按每千克体重 5 毫克，以蒸馏水溶解，肌内注射，每日 1 次，连用 3 天。也可按每千克体重 7 毫克静脉注射，为了防止呼吸困难，同时肌内注射 654-2 针剂 4 毫升。

②阿卡普林按每千克体重 0.6～1 毫克剂量，配成 5%水溶液，静脉注射。24 小时后可重复用药。

③黄色素按每千克体重 3 毫克，配成 0.5～1%水溶液，静脉注射。注射时药物不可漏出血管外。注射后数天内须避免强烈阳光照射，以免烧伤。症状未见减轻时，间隔 24～48 小时再注射 1 次。

④辅助治疗。本病除用驱虫药外，还应辅以强心、补液和补充维生素等措施，严重贫血时，可以输血。

(八)羊 螨 病

【病　因】 羊螨病是由于螨虫寄生于羊体表而引起的慢性外寄生虫病。其特征是皮肤发生炎症、脱毛和奇痒，以绵羊危害最为严重。

【临床症状】 病羊消瘦奇痒，大面积脱毛、结痂，皮肤增厚，失去弹性而形成皱褶。山羊痒螨病常见于嘴唇四周、眼圈、耳根等处形成黄色痂皮，严重者可见皮肤龟裂，影响采食。绵羊主要局限于头部，病变部的皮肤有如干涸的石灰，故有“石灰头”之称。

【诊断方法】 刮取患病皮肤与健康皮肤交界处的皮屑，放于载玻片上，滴加煤油，置显微镜下寻找虫体或虫卵即可确诊。

【预防措施】 饲养人员注意观察羊群中的羊有无发痒、掉毛现象，及时挑出可疑病羊，隔离治疗，确认无螨病后，再混群饲养。被污染的栏舍及用具用杀螨剂喷雾杀虫。每年在剪毛7天后，用0.025%螨净(二嗪农)或0.006%氯氰菊酯水乳液对羊进行药浴，要保证羊群一只不漏。

【治　疗】

(1)患部治疗　用5%敌百虫溶液(来苏儿5份，溶于温水100份中，再加入5份敌百虫)擦洗病患处。

(2)全群治疗　除癞灵进行320倍常水稀释后药浴，也可选用0.1%马拉硫磷进行药浴。肌内注射或皮下注射阿维菌素(每千克体重0.2毫克)，7天后再皮下注射1次。

(九)球虫病

【病因及流行】 球虫病是羊的一种急性接触性原虫病。各品种的绵、山羊对球虫病都有易感性。羔羊极易感染。成年羊一般都是带虫者。流行季节多为春、夏、秋潮湿季节。冬季气温低，不利于球虫卵囊发育，很少感染。

【临床症状】 本病多见于羔羊。病羊最初排出的粪便较软，逐渐变成恶臭的水样稀粪，污染后躯。有些羊粪便带血。病羊努责，有时发生直肠脱出。腹泻数日后，表现食欲不振、脱水、体重下降、卧地不起、衰弱。病初体温升高，但很快降至正常或偏低。多数羊于发病后3～4天内死亡。

【预防措施】 每天清扫羊舍，及时清除粪便和污物，定期对圈舍、饲槽和饮水器及各种用具进行消毒，保持圈内干燥、卫生，并经常能够晒上太阳。粪便等污物应集中进行生物发酵处理，避免羔羊接触带有球虫卵囊的污物。羔羊最好与成年羊分群饲养管理。一旦发现病情，要立即隔离治疗。

【治疗方法】

①灌服磺胺甲嘧啶（SM_1）或磺胺二甲嘧啶（SM_2），按每千克体重首次量0.2克、维持量0.1克服用，每12小时服1次，同时配合等量的碳酸氢钠（小苏打），连用3～4天。

②灌服氨丙啉。氨丙啉对羔羊艾美耳球虫有良好的防治效果。每日每千克体重用量为20～25毫克，连用5天。

五、常见普通病防治

（一）瘤胃臌气

【病　因】　羊由于饱食大量易发酵的饲料或空腹后骤然采食大量饲草引起饲料在瘤胃内发酵，产生大量气体，造成瘤胃膨胀的一种疾病。露水草、带霜水的青绿饲料、开花前的苜蓿、马铃薯叶、豌豆、油渣及霉变的青贮饲料等都容易发酵，这些饲料在胃内迅速发酵，产生大量气体，因而引起瘤胃急剧臌胀。此外，饲喂霜冻饲料、酒糟或霉败变质的饲料也易发病。该病还可继发于食道阻塞、瘤胃积食、前胃弛缓和创伤性网胃炎等疾病，多见于春末夏初放牧羊群。

【临床症状】

（1）急性瘤胃臌气　病羊表现不安，回头顾腹，拱背伸腰，腹部凸起，有时左肷向外突出高于髋关节或中背线，反刍和嗳气停止。触诊腹部紧张性增加，叩诊呈鼓音，听诊瘤胃蠕动音减弱，黏膜发绀，心律加快。

（2）慢性瘤胃臌气　多为继发性和非泡沫性。发病缓慢，常呈周期性或间歇性臌气，按压腹壁紧张性较低。病羊食欲减退，瘤胃蠕动减弱，反刍减缓。严重时呼吸有些困难，但病轻时又转为平静，病羊表现为消瘦、精神不振、被毛粗乱，间歇性腹泻和便秘。

【诊断方法】 根据病史和临床症状，可以做出初步诊断。

【预防措施】

第一，防止羊采食过量的多汁、幼嫩的青草、豆科植物（如苜蓿）以及甘薯秧、甜菜等。

第二，不在雨后或带有露水、霜的草地上放牧。

第三，做好饲料保管和加工调制工作，严禁饲喂发霉腐蚀饲料。

【治疗方法】 治疗原则为排气减压，制止发酵，恢复瘤胃功能。

(1)放气 臌气严重的病羊要用套管针进行瘤胃放气。在左肷部剪毛，消毒，然后用兽用15号针头刺破皮肤，插入瘤胃放气。在放气中要紧压腹壁使腹壁紧贴瘤胃壁，边放气边下压，以防胃液漏入腹腔引起腹膜炎。气体停止排出时，可向瘤胃注入消气灵10～30毫升，如果放气不畅，瘤胃有大量泡沫时，向瘤胃注入植物油100～500毫升，反复按压左肷部，气体慢慢排除，臌气消失。

(2)灌服药物或油类 对臌气不太严重的羊，灌服消气灵10～30毫升，或将液状石蜡油或植物油200～500毫升加水1 000毫升灌服。为抑制瘤胃内容物发酵，可灌服鱼石脂5～10克、福尔马林5毫升(配成1%～2%的溶液)。

(3)静脉注射药物

①促进嗳气，恢复瘤胃功能。静脉注射促反刍液100毫升和10%安钠咖5～10毫升。

②调整瘤胃酸碱度。静脉注射5%碳酸氢钠100～250毫升。

③促进瘤胃蠕动。肌内注射维生素B_1注射液5～10毫升；还可皮下注射2%毛果芸香碱溶液1毫升。

(4)中药治疗 可用枳实消痞散加减治疗，取枳实、厚朴、莱菔子、木香、白术各10克，神曲、山楂、大黄各9克、茴香15克、芒硝

20 克，另加植物油 100 毫升，1 次灌服。

（二）前胃迟缓

【病　因】　本病是由于前胃兴奋性不足或收缩力缺乏，而导致羊消化紊乱的一种常发病。主要由于羊体质衰弱、长期饲喂粗硬的劣质饲草或冰冻的饲料、饮用冰冻水，致使前胃先过度兴奋，而后转为弛缓。长期饲喂柔软的精料，对胃黏膜神经感受器的刺激不足，也可发生此病；继发性前胃迟缓多见于牙齿疾病、瘤胃积食、瓣胃阻塞以及全身急慢性疾病中。

【临床症状】　羊出现瘤胃臌气时，呈现呼吸困难，口舌青白，鼻镜干燥，眼窝下陷，倦怠无力，毛焦肷吊，四肢水肿，常常伏卧。慢性病羊被毛粗乱，体温、呼吸、脉搏无变化，食欲减退，反刍缓慢，瘤胃蠕动力量减弱，次数减少，内容物呈现液状。有些羊表现为瘤胃积食、便秘和腹泻交替出现。老龄羊往往发展为营养性衰竭症，表现贫血，衰竭而死亡。

【诊断方法】　急性病羊食欲废绝，反刍停止。瘤胃蠕动力量减弱或停止，瘤胃内容物腐败、发酵，产生多量气体，左腹增大，触诊不坚实。继发性前胃弛缓，常伴有原发性疾病的特征症状。

【治疗方法】

（1）禁食　因过食引起的前胃迟缓，可禁食 2～3 次，然后供给易消化的青干草，使之逐渐恢复正常。

（2）药物治疗　先投给泻剂，清理胃肠，再投给瘤胃兴奋药和防腐止酵剂。成年羊可用硫酸镁或人工盐 20～30 克、液状石蜡油 100～150 毫升、番木鳖酊 2 毫升、大黄酊 10 毫升，加水 500 毫升，1 次内服；也可用酵母粉 10 克、红糖 10 克、陈皮酊 15 毫升，加水适量，混合后 1 次灌服。另外可用大蒜酊 20 毫升、龙胆末 10 克，加水适量，1 次灌服。另外，兴奋瘤胃可用 2%硝酸毛果芸香碱溶液 1 毫升，皮下注射。防止酸中毒，可内服碳酸氢钠 10～30 克。

(3)手术治疗　对于药物治疗前胃弛缓效果不佳的羊，可采用手术疗法，切开前胃取出大量积食，迅速排除病因。

(4)中药治疗　取大黄12克、芒硝25克、枳壳10克、厚朴10克、麦芽10克、山楂10克、神曲10克、陈皮10克、香附10克、黄芪10克、槟榔6克，共研为末，开水冲调，加猪油100克，候温灌服。

(三)瘤胃积食

【病　因】　瘤胃积食主要是由于绵羊贪食大量容易膨胀的饲料，如豆秸、苜蓿、花生蔓、紫云英、稻草、麦秸、麸皮、棉籽饼、酒糟及豆渣等，缺乏饮水，使内容物停滞和阻塞，前胃(瘤胃、网胃、瓣胃)的兴奋性降低，导致瘤胃运动和消化障碍、脱水和毒血症的一种疾病。老龄母羊较易发病。长期舍饲羊，运动不足，变换饲料或者放牧转为舍饲，采食难于消化的干枯饲料也易导致瘤胃积食。此外，该病还可继发于前胃弛缓、瓣胃阻塞、创伤性网胃炎、腹膜炎、皱胃炎及皱胃阻塞等疾病。瘤胃积食引起的急性消化不良，可使碳水化合物在瘤胃中形成大量乳酸，导致机体酸中毒。

【临床症状】　患病初期，食欲差，反刍减少，鼻镜干燥，口舌赤红，后期青紫，粪干色暗，有时排少量稀软恶臭的粪便。弓腰低头，四肢集于腹下、摇尾，顾腹不安，用后肢或角撞击腹部，腹围膨大。触诊瘤胃，患羊表现疼痛，内容物呈面团状，病初瘤胃蠕动音增强，然后减弱或消失。病情严重时，呼吸困难，结膜发红，脉搏加快，体温一般正常。病的末期，体力衰竭，四肢无力，步态不稳，有时卧地呈昏睡状态。视觉障碍，眼窝下陷，血液浓缩。

【诊断方法】　根据过食后发病、瘤胃体积增大、内容物坚硬、食欲和反刍停止等特征就可以确诊。

【治疗方法】　治疗原则：排除积食，抑制发酵，兴奋瘤胃，恢复功能。病情严重，用药物治疗不能达到目的时，迅速进行瘤胃切开手术，进行急救。

(1)洗胃　洗胃主要用于轻度瘤胃积食的治疗。首先停止饲喂，按摩瘤胃20分钟，用开口器打开口腔，将胃管慢慢从口腔插入食道，待胃管进入瘤胃内，放低羊头，胃内容物即会流出。当无内容物流出时，将管口抬高，接上漏斗，慢慢灌入大量温水，并多次抽动胃管，再将管口放低，稀释的内容物即可流出，按上法冲洗数次，最后再灌入大量温水，并加入碳酸氢钠20～50克、食盐10～20克，然后将胃管抽出。对心脏衰弱的羊慎用此法。

(2)药物治疗　主要选用瘤胃兴奋剂和泻剂。可酌情选择下列疗法。

①消导下泻。可用液状石蜡油100毫升、人工盐或硫酸镁50克、芳香氨酯10毫升，加水500毫升，1次灌服。

②止酵防腐。可用鱼石脂1～3克、陈皮酊20毫升，加水250毫升，1次内服。

③纠正酸中毒。取5%碳酸氢钠注射液100毫升、5%葡萄糖注射液200毫升，1次静脉注射；取11.2%乳酸钠注射液30毫升，1次静脉注射；取5%碳酸氢钠注射液100～200毫升、5%葡萄糖注射液250～500毫升、生理盐水250～500毫升、25%甘露醇注射液50毫升、40%乌洛托品注射液10毫升和25%葡萄糖注射液50毫升1次静脉注射。

④兴奋瘤胃。皮下注射2%硝酸毛果芸香碱溶液1毫升。

⑤中药治疗。中兽医认为胃腑实积，宜破积导滞，以攻下泻实为主。取厚朴10克、大黄20克、枳实10克、牵牛子10克、槟榔6克、芒硝40克，将上述前5味药水煎2次，溶化芒硝后灌服。

(四)酸中毒

【病　因】　羊采食过多的精饲料、突然改变日粮或饲养方式、日粮结构不合理等都可使瘤胃产生过多的乳酸，进而引起瘤胃微生物区系失调和功能紊乱，即乳酸酸中毒。因此，瘤胃酸中毒是一种代谢性疾病。日粮谷物类型和加工方法不同，酸中毒发生的概率也不同。玉米通常因适口性好、热能高，大量用于动物配合饲料中。但玉米的淀粉含量高达 70%～75%，淀粉在羊只瘤胃中的发酵速度快，发酵程度高，产生大量乳酸。当玉米的饲喂量达到每千克体重 60～80 克时，羊就会出现酸中毒，每千克体重玉米的饲喂量达到 100 克，可视为致死量。但在相同喂量的条件下，小麦和大麦比玉米更容易引起酸中毒。

【临床症状】 羊发生瘤胃酸中毒的症状有轻重缓急之差。急性发作病羊，一般喂料前食欲、泌乳正常，喂料后不愿走动，行走时步态不稳，呼吸急促、气喘，心跳加快，常于发病后 3～5 小时内死亡。死前张口吐舌，甩头蹬腿，高声哞叫，从口内流出泡沫样含血液体。发病较缓的羊只，病初兴奋摔头，后转为沉郁，食欲废绝，目光无神，眼结膜充血，眼窝下陷，表现出严重脱水症状；部分母羊产羔后瘫痪卧地、呻吟、流涎、磨牙、眼睑闭合，呈昏睡状态，左腹部臌胀、用手触之，感到瘤胃内容物较软，犹如面团，多数病羊体温正常，少数病羊发病初期或后期体温稍有升高。大部分病羊表现口渴，喜饮水，尿少或无尿，并伴有腹泻症状。

【预防措施】

第一，控制淀粉的进食。由于淀粉在瘤胃中的发酵速度快且发酵程度高，因此控制淀粉的摄入是防止瘤胃酸中毒的主要技术措施。在生产中，如果需要增加精饲料水平，必须通过递增法逐步增加到计划饲喂量，使瘤胃能够逐渐适应饲料的变化。此外，将发酵速度不同的几种谷物饲料以适当的比例搭配使用。

第二，中和瘤胃产生的部分有机酸。酸中毒是由于瘤胃中有机酸的积累过多而造成的。因此通过增加进入瘤胃的碱性物质或缓冲物质或增加以产生碱性物质或缓冲物质的饲料原料来中和瘤胃产生的大量有机酸。目前最常用的措施是在日粮中直接添加

0.5%～1%的碳酸氢钠(以精料干物质为基础)等缓冲剂和增加日粮中有效中性洗涤纤维的含量。

第三,在日粮中适当增加高纤维素饲料(如农作物秸秆)。

【治疗方法】

①对症状较轻的羊,取碳酸氢钠30～50克、人工盐20～30克,拌入饲料中饲喂或置于饲槽中让病羊自由采食。

②对病情严重的羊,取50%葡萄糖液80毫升、糖盐水500毫升、10%安钠咖注射液5毫升、5%碳酸氢钠溶液100～300毫升混合缓慢静脉注射,每日1次。灌服人工盐10克、姜酊10毫升、复方龙胆酊10毫升,每日2次。

③对于出现神经症状的病羊,静脉注射20%甘露醇注射液或25%山梨醇注射液250毫升。

(五)胃肠炎

【病　因】 胃肠炎是胃肠黏膜及其深层组织的出血性或坏死性炎症。多因饲养管理不善造成。羊采食大量的冰冻、发霉饲料及化肥,饮用不洁饮水,服用过量驱虫药或泻药,圈舍潮湿均可引起胃肠炎。该病还可继发于羊副结核、巴氏杆菌病、羊快疫、羊肠毒血症、炭疽及羔羊大肠杆菌病中。

【临床症状】 病羊食欲减少或废绝,口腔干燥发臭,舌有黄厚苔,伴有腹痛。肠音初期增强,其后减弱或消失,排稀便或水样便,排泄物腥臭,粪中混有血液、黏液、坏死脱落的组织片。脱水严重,少尿,眼窝下陷,皮肤弹性降低,消瘦。当虚脱时,病羊卧地,脉搏微细,心力衰竭,四肢冰凉,昏睡而死。

【诊断方法】 根据病史和临床症状,可以做出初步诊断。

【预防措施】 不喂发霉变质和冰冻不洁的饲料。不要突然更换饲料,供给充足的清洁饮水。

【治疗方法】

(1)消炎

①取磺胺脒4～8克、土霉素4片(每片25单位)、小苏打3～5克,加水适量,1次灌服。

②取黄连素片15片、氟哌酸片2片(每片0.2克)、药用炭7克、萨罗尔24克、次硝酸铋3克,加水适量,1次灌服。

③取菌必治2～4克溶解于生理盐水250毫升,或取环丙沙星注射液(0.4克)200毫升,1次静脉注射。

(2)补液　对脱水严重的羊,取5%葡萄糖注射液300毫升、生理盐水200毫升、5%碳酸氢钠注射液100毫升,混合后1次静脉注射。对腹泻严重的羊,可皮下注射1%硫酸阿托品注射液2毫升。

(3)中药治疗　取白头翁12克、秦皮9克、黄连2克、黄芩3克、大黄3克、栀子3克、茯苓6克、泽泻6克、郁金9克、木香2克、山楂6克,水煎后1次灌服。

(六)异食癖

【病　因】 异食癖是一种由于代谢功能紊乱导致的味觉异常、采食非食用品的综合征。饲草品质差,缺乏维生素、微量元素和蛋白质,易造成羊消化功能和代谢紊乱,致使味觉异常而发生异食癖。羊患慢性消化不良、寄生虫病、软骨症和某些微量元素缺乏症,常表现异食行为。饲料喂量不足、饲料种类单一、粗饲料长度过短、圈舍面积狭小或通风采光不良、羊群运动量不足或过分拥挤均可导致异食现象。

【临床症状】 患羊舔食粪便污染的饲料或垫草。啃咬墙壁、饲槽、砖及瓦块等,前期对外界刺激的敏感性增高,以后迟钝。随着时间的延长,出现精神不振、食欲下降、身体消瘦、眼窝下陷、被毛粗糙等症状,严重贫血会导致死亡。

【诊断方法】 根据病史、临床症状可以做出初步诊断。

【预防措施】

第一,供给足够的多样化饲料。按照羊的营养需要供给配合饲料,最好供给全混合日粮,尤其要重视日粮蛋白质、微量元素和维生素的供应,保证营养物质的全面合理。

第二,喂料要定时、定量、定饲养员,禁止饲喂冰冻和霉变饲料。

第三,注意青绿饲料或青贮饲料的供给。

第四,合理安排羊群密度。

第五,搞好环境卫生,清除羊舍、运动场及放牧地内的塑料、绳头、木片和铁钉等杂物,以免让羊误食。

第六,对有寄生虫病史的羊群要定期驱虫。

【治疗方法】 结合发病症状与生产实际,根据饲养管理水平、日粮营养成分以及环境条件等,认真分析发病原因,及时调整日粮组成,注意各种营养成分的满足供给和平衡供给。

第一,对缺钙绵羊,要补充钙盐或磷酸氢钙;对缺盐羊,供给食盐或人工盐。

第二,微量元素缺乏时,按推荐量添加微量元素添加剂(如含硒微量元素添加剂)。

第三,调节瘤胃的内环境。取酵母片 20 片、生长素 4 克、胃蛋白酶 5 片、苍术末 10 克、麦芽粉 20 克、石膏粉 5 克、滑石粉 5 克、复合维生素 B 3 片、人工盐 10 克,混合后灌服,每日 1 剂,连用 5 天。

(七)感　冒

【病　因】 感冒是机体由于受风寒侵袭而引起的上呼吸道炎症为主的急性全身性疾病。健康羊的上呼吸道通常寄生一些能引起感冒的病毒和细菌,由于羊营养不良,运动量过大、出汗和受寒等因素，使机体抵抗力下降，微生物大量繁殖而发病。其次是由于管理不当，如厩舍条件差，羊在寒冷的天气外出放牧或露宿，或出汗后被拴在潮湿阴凉的地方而受寒致病。

【临床症状】 患羊食欲减退，反刍减少或停止，低头嗜睡，体温升高至 40℃左右，耳尖鼻端和四肢末端发凉，眼结膜潮红，流泪，咳嗽、呼吸脉搏快。病初鼻镜干燥，鼻黏膜充血、肿胀、流清稀鼻液，以后流黏性和脓性鼻液，打喷嚏等症状。

【诊断方法】 根据病因及咳嗽、打喷嚏、体温升高等临床症状可以做出诊断。

【治疗方法】 治疗以解热镇痛、祛风散寒为主。

①选择肌内注射复方氨基比林注射液 5～10 毫升，30%安乃近注射液 5～10 毫升，复方奎宁、穿心莲、柴胡、鱼腥草等注射液。

②为防止继发感染，可使用抗生素药物。每只羊用青霉素 160 万单位、硫酸链霉素 100 万单位，加注射用水 10 毫升，分别肌内注射，每日注射 2 次。

③病情严重时，也可静脉注射头孢唑啉钠 2 克和地塞米松 2 毫克。

(八)支气管肺炎

【病　因】 是支气管与肺小叶或肺小叶群同时发生的炎症。通常是由于受寒感冒，机体抵抗力减弱，受病原菌的感染或直接吸入含有刺激性的有毒气体、霉菌孢子、烟尘等而致病。此外，本病也可继发于口蹄疫、乳房炎、子宫炎和肺线虫病。

【临床症状】 病羊咳嗽，食欲减退，精神不振，体温 40℃以上，呈弛张热型，脉搏加快。呼吸困难，表现短而干的咳嗽，严重者可听到湿啰音，支气管内渗出物增多，叩诊胸部有局灶性浊音，听诊肺区有捻发音。若并发肺坏疽及心包炎时，病情急剧恶化，常导致全身中毒而死亡。

【剖检变化】 胸腔液呈褐红色至灰色，支气管腔内有稠密而黏糊状的分泌物，肺脏坚实，呈红色至红褐色，肺泡内充满渗出液，肺的切面可见灰白色病灶，其中心部分有脓性软化物。

【预防措施】 注意圈舍通风、冬春季防寒保暖，防止感冒。

【治疗方法】

(1)抗感染

①取10%磺胺嘧啶注射液5～20毫升，肌内注射。

②取氨苄青霉素1～4克，1次肌内注射，每日注射2次，连续注射2～3天。

③取菌必治0.5～2克，溶于500毫升生理盐水，1次静脉注射。

④取青霉素80万单位、0.5%普鲁卡因注射液2～3毫升，直接进行气管内注射。

(2)对症治疗

①病羊体温过高时，用安乃近或安痛定注射液5～10毫升肌内注射，每天2次。

②病羊发生干咳时，可给予镇咳祛痰剂，取氯化铵15克、酒石酸锑钾0.4克、杏仁水2毫升，加水混合灌服。

③对于心脏衰弱的病羊，可取10%樟脑磺酸钠注射液2～3毫升，每日3次，肌内或皮下注射。

④中药治疗。取麻黄12克、杏仁15克、生石膏40克(打碎先煎)、甘草3克、金银花10克、连翘6克、蒲公英10克、鱼腥草10克，水煎候温，1次灌服。

(九)羊氢氰酸中毒

【病　因】 氢氰酸中毒，是由于羊采食了含有氰苷的植物(如高粱苗、玉米苗、马铃薯幼苗、亚麻叶、木薯、桃、李、杏及枇杷叶子等)，在胃内经酶水解和胃酸的作用，氰苷产生游离的氢氰酸可致绵羊中毒。绵羊误食氰化物农药污染的饲草或饮用了氰化物污染的水也可引起中毒。

【临床症状】 病羊初期咳嗽，体温升高，呈弛张热型，高达40℃以上。呼吸浅表、增快，呈混合性呼吸困难，叩诊胸部有局灶性浊音区，听诊肺区有捻发音。中后期呈现间歇热，体温升高至41.5℃，咳嗽、呼吸困难。

【剖检变化】 剖检可见尸僵不全，血液呈鲜红色，凝固不良，口腔有血色泡沫。喉头、气管和支气管黏膜有出血点，气管和支气管内有大量泡沫状液体，肺充血、出血和水肿。心内外膜有点状出血。胃肠黏膜充血和出血，胃内充满气体，有苦杏仁味。

【诊断方法】 根据采食情况及临床症状可做出诊断，确诊必须进行毒物分析。

【预防措施】

第一，禁止在含有氰苷作物的地方放牧。

第二，禁止饲喂含有氰苷的鲜嫩高粱苗、玉米苗、胡麻苗等，如果饲喂，必须经过晒制、水浸或发酵，而且要少喂勤添，一次喂量不宜过多。

【治疗方法】 静脉注射亚硝酸钠，按每千克体重 6～10 毫克配成 5%溶液静脉注射，再静脉注射 3%～10%硫代硫酸钠溶液 20～60 毫升。同时，应用强心剂、维生素、葡萄糖等进行对症治疗，必要时进行洗胃排毒。

（十）有机磷中毒

【病　因】 羊误食了喷有有机磷农药（敌百虫、敌敌畏和乐果等）的农作物或蔬菜，或饮用了被农药污染的水，舔食了没有洗净的农药用具，使用了过量的含有机磷兽药，都可引起有机磷中毒。

【临床症状】 病羊流涎，流泪，咬牙，瞳孔收缩，眼球颤动，个别羊严重腹泻，无食欲，反刍停止，全身发抖，步态不稳，卧倒在地，全身麻痹,呼吸困难,有的窒息死亡。病羊心跳100次以上/分,呼吸50次以上/分,但体温正常。有机磷中毒在临床上可以分为3类症候群:

(1)毒蕈碱样症状　表现为食欲不振,流涎,呕吐,腹泻,腹痛,多汗,尿失禁,瞳孔缩小,可视黏膜苍白,呼吸困难,肺水肿,以及发绀等。

(2)烟碱样症状　表现为肌纤维性震颤,血压升高,脉搏频数,四肢麻痹等。

(3)中枢神经系统症状　表现为兴奋不安,体温升高,抽搐,冲撞蹦跳,全身震颤,渐而步态不稳,倒地不起,在麻痹下窒息死亡。

【诊断方法】　根据发病很急,病程短,流涎、腹泻、腹痛不安及瞳孔缩小等特点,结合有机磷农药接触病史可以做出初步诊断。实验室通过测定胆碱酯酶活性可以确诊。

【剖检变化】　胃黏膜充血,出血,肿胀,黏膜易脱落。肺充血肿大,气管内有白色泡沫。肝、脾肿大,肾脏混浊肿胀,被膜不易剥落。

【预防措施】　严格农药管理制度和使用方法,不在喷洒农药地区放牧,拌过农药的种子不得喂羊。

【治疗方法】

①灌服盐类泻剂。为了尽快清除胃内毒物,可用硫酸镁或硫酸钠30～40克,加水适量,1次灌服。

②静脉注射特效解毒剂。按每千克体重取解磷定或氯磷定15～30毫克,溶于5%葡萄糖溶液100毫升内,静脉注射,以后每2～3小时注射1次,剂量减半,根据症状缓解情况,可在48小时内重复注射;双解磷、双复磷,其剂量为解磷定的一半,用法相同。

③肌内注射硫酸阿托品。用药量为每千克体重10～30毫克。症状不减轻可重复应用解磷定和硫酸阿托品。

(十一)流　产

【病　因】 导致流产的原因极为复杂。布鲁氏菌病、弯曲杆菌病、沙门氏菌病、子宫畸形、胎盘坏死、胎膜炎、肺炎、肾炎、有毒植物中毒、食盐中毒、农药中毒、矿物元素不足或过剩、维生素 A 和维生素 E 不足、饲喂冰冻和霉败的饲料、长途运输、过于拥挤、水草供应不均衡等都可导致母羊流产。

【临床症状】 突然发生流产者，一般无特殊表现。发病缓慢者，精神不佳，食欲减退，腹痛，努责，咩叫，阴户流出羊水，待胎儿排出后稍为安静。羊发生隐性流产，即胎儿不排出体外，自行溶解，溶解物或排除子宫外或形成胎骨留在子宫内。受伤的胎儿常因胎膜出血，剥离，于数小时或者数天后才排出。

【诊断方法】 据病史、症状可诊断外，采取流产胎儿的胃内容物、胎儿和胎衣，做细菌镜检和培养；还可做血清学检查可确诊引起流产的病原。

【预防措施】

第一，定期接种疫苗控制由传染病引起的流产，特别对布鲁氏菌病要定期检查，淘汰阳性羊。

第二，春、秋定期驱虫，控制和降低羊只体内外寄生虫的危害。对疑似病羊的分泌物、排泄物及被污染的土壤，场地、圈舍、用具和饲养人员衣物等进行消毒灭菌处理。

第三，加强饲养管理水平，防止羊群拥挤、缺水或饮用冰凌水、采食毒草和霜草、遭受风寒等。对母羊妊娠后期要提高饲料标准，补充矿物质元素。不补喂霉变饲料。

【治疗方法】

①先兆性流产。以安胎、抑制子宫收缩为原则，可取孕酮 10～30 毫克，肌内注射，每日 1 次，连用 5 次。

②胎儿干尸化。先注射雌激素 5 毫克，连用 3 天，第二天，注

射氯前列烯醇 0.1 毫克，第三天观察注射催产素的反应情况，在产道及子宫灌入润滑剂后进行助产。有时需要截胎，甚至剖宫产才能解除。

③胎儿浸溶。可分别注射雌激素和催产素，用青霉素 160 万单位、链霉素 100 万单位、生理盐水 1 500 毫升冲洗子宫。病羊发热时，静脉注射头孢曲松钠 1～2 克和生理盐水 500 毫升。

（十二）难　产

【病　因】 难产是指分娩时胎儿产出困难，不能将胎儿顺利地由产道产出。绵羊发生产的原因很多，胎儿过大、母羊体质太差、胎势、胎位、胎向不正等均可引起的难产。

【临床症状】 母羊已经到分娩日期，已有分娩预兆，如乳房肿大，软产道肿大、松软，骨盆韧带松软，子宫开始阵缩，子宫颈开张。妊娠羊发生阵痛，起卧不安，时有拱腰努责，回头顾腹，阴门肿胀，从阴门流出红黄色羊水，有时露出部分胎衣，有时可见胎儿蹄或头，母羊卧地努责，但不见胎儿产出。

【诊断方法】 了解难产羊的预产期、年龄、胎次、分娩过程和处理情况，然后对母体、产道和胎儿进行临床检查，掌握母体全身状况、产道的松紧和润滑程度、子宫颈的扩张程度、骨盆腔的大小、胎儿的大小、数量、进入产道的深浅、是否存活、胎儿的胎向、胎位和胎势等情况。

【预防措施】 公、母羊混群羊群应注意不要在母羊性成熟前进行配种。提高妊娠母羊营养的水平；分娩前要做好接羔助产的各项准备工作，分娩时要有专人负责，发现分娩异常要及时助产。

【治疗方法】 羊发生难产应及时采取助产方法进行治疗。

①保定及消毒。一般使母羊侧卧保定。助产器械需浸泡消毒，术者、助手的手及母羊的外阴部均要彻底清洗消毒。

②检查胎儿、胎位及助产。将手伸入阴道内检查胎儿姿势及

胎位是否正常，胎儿是否死亡。若胎儿有吸吮动作、心跳，或四肢有收缩活动，表示胎儿仍存活，按不同的异常产位将其矫正，然后将胎儿拉出产道。

③对于阵缩及努责微弱者，可皮下注射垂体后叶激素、麦角新碱注射液1～2毫升。麦角新碱制剂只限于子宫颈完全开张，胎势、胎位及胎向正常时方可使用。

④对于子宫颈扩张不全或子宫颈闭锁导致难产、骨骼变形或骨盆腔狭窄导致胎儿不能正常通过产道的母羊，可进行剖宫产急救胎儿，以保护母羊安全。

（十三）乳房炎

【病　因】 羊乳房炎是乳腺、乳池、乳头局部的炎症，多见于泌乳期的肉羊。引起乳房炎的因素很多，主要是环境卫生不良、乳头或乳腺体损伤，使乳房受到金黄色葡萄球菌、大肠杆菌、链球菌或支原体感染所致，亦可见于结核病、口蹄疫、子宫炎、脓毒败血症等过程。

【临床症状】

(1)急性乳房炎　患病乳区增大、发热、疼痛。乳汁变稀，混有絮状或粒状物，或有红色水样黏液。表现不同程度的全身症状，食欲减退或废绝，瘤胃蠕动，反刍减慢，体温高达41℃～42℃，呼吸和心搏加快，眼结膜潮红。严重时眼窝下陷，精神沉郁，起卧困难，急剧消瘦，常因败血症而死亡。

(2)慢性乳房炎　多因急性型未彻底治愈而引起。一般没有全身症状，患病乳区组织弹性降低、僵硬，触诊乳房时，发现大小不等的硬块，乳汁清稀，泌乳量显著减少，乳汁中混有粒状或絮状凝块。

(3)隐性乳房炎　患羊不表现临床症状，乳汁仅有化学性质变化，称之为隐性乳房炎。

【诊断方法】　根据临床表现症状可做初步诊断，确诊需进行乳汁细菌分离鉴定，隐性乳房炎一般用CTM乳房炎诊断液检测。

【预防措施】

第一，改善羊圈的卫生条件，扫除圈舍污物，定期消毒栅圈，使乳房经常保持清洁。

第二，对病羊要隔离饲养，单独挤乳，防止病菌扩散，

第三，对产奶量较高的母羊勤观察，尤其是产单羔母羊，如果羔羊采食不完奶或者只吸吮一侧乳头，就要进行人工挤奶。

第四，对分娩前乳房过度肿胀的羊，应减少精料及多汁饲料饲喂量。

【治疗方法】

(1)局部治疗

①外敷。乳房炎初期可用冷敷，用雄黄30克、五倍子30克、生大黄30克、黄柏30克、冰片6克，研成细末，用陈醋调和涂于患部，每日1次。中后期用热敷，也可用10%鱼石脂酒精或10%鱼石脂软膏外敷。除化脓性乳房炎外，外敷前可配合乳房按摩。

②药物治疗。取0.25%普鲁卡因注射液10毫升，加青霉素160万单位，分3～4点直接注入乳腺组织内。也可用庆大霉素8万单位或青霉素160万单位，加蒸馏水20毫升，用乳头管针头通过乳头2次注入，每日2次，注射前应用酒精棉球消毒乳头，并挤出乳房内乳汁，注射后要按摩乳房。也可向乳房硬肿块周围注射10毫升红花注射液，共注射2～3次。

(2)全身治疗

①注射抗生素。对乳房极度肿胀，发高热的全身性感染的母羊，应及时注射氧氟沙星、头孢菌素、庆大霉素、卡那霉素、青霉素等抗生素；对于口疮等病毒性病继发的乳房炎，可联合注射利巴韦林注射液10～16毫升。

②中药治疗。以清热解毒，活血消肿为原则。选用公英地丁

汤加减:取蒲公英 50 克、地丁 50 克、连翘 15 克、乳香 12 克、没药 12 克、金银花 15 克、青皮 15 克、穿山甲 9 克、川芎 12 克、黄芩 15 克、红花 9 克和当归 15 克,水煎灌服,连用 3～5 剂。

(十四)胎衣不下

【病　因】 羊胎衣不下是指母羊分娩 14 小时后仍未排出胎衣的一种疾病。主要原因是母羊妊娠后期运动不足、饲料品质差、缺少矿物质和维生素、母羊瘦弱、胎儿过大,难产和助产操作不当都可以引起子宫收缩弛缓或乏力,胎衣不下。

【临床症状】 羊常表现弓腰努责,食欲减少,精神较差,体温升高,呼吸及脉搏增快。胎衣久久滞留不下,可发生腐败,从阴门中流出污红色腐败恶臭的恶露,其中杂有灰白色未腐败的胎衣碎片,部分胎衣从阴户中流出,垂于后肢关节部。

【预防措施】

第一,加强妊娠母羊的营养供给,尤其注意日粮中钙、磷和维生素 A、D 的补充。

第二,做好布鲁氏杆菌病的防治工作。

第三,分娩时保持环境清洁和安静,

第四,分娩后让母羊舔干羔羊身上的液体,尽早让羔羊吮乳或进行人工挤奶。

【治疗方法】

①对于分娩后,胎衣滞留时间不超过 24 小时的母羊,可肌内注射催产素注射液或麦角新碱注射液 1 毫升。

②对于用药 48 小时仍不奏效的羊,应立即手术治疗取出胎衣。术后向子宫注入抗生素,如将土霉素 2 克溶于 100 毫升温生理盐水,注入子宫腔内。

③对于体温升高的羊,可肌内注射青霉素 240 万单位、链霉素 100 万单位。也可取头孢曲松 1～2 克,溶入 500 毫升 5%葡萄糖

中,静脉注射。

④中药治疗。中兽医治疗以补气益血为主,佐以行滞祛瘀。

处方一:取炒川芎10克、酒当归10克、五灵脂10克、赤芍10克、生芪20克、党参20克、红花6克、益母草20克、桃仁9克、乳香10克,生姜10克、艾叶12克、炙甘草6克、生蒲黄10克,研为细末,温水灌服。

处方二:取中成药生化汤丸10~15丸,温水1次冲服。

(十五)骨　折

【病　因】 羊骨骼发生裂隙或断离称为骨折,常在骨折部发生软组织损伤。外力直接打击、角斗可直接导致骨折,代谢性疾病、佝偻病、骨软病、骨骼钙化不全、骨髓炎及氟中毒可使骨骼的坚韧性发生变化,在受到外力作用很容易发生骨折。

【临床症状】 由于骨折的性质、部位、程度不同,所以临床症状也不同。但共同的临床症状为变形、异常活动、肿胀、出血、疼痛、有骨摩擦音及功能障碍。病羊不愿站立,运步时三肢跳,由于剧烈疼痛致使病羊不愿运动。在临床上常见有肱骨骨折、桡骨骨折、蹄骨骨折、股骨骨折、盆骨骨折等。

【诊断方法】 根据病史和临床症状,可以做出诊断。

【预防措施】 搞好高产母羊的妊娠后期及泌乳高峰期的饲养管理,合理搭配饲料,减少羊的各种疾病,尽量杜绝意外事故。

【治疗方法】 对闭合性骨折,要按照早期整复,合理固定的原则进行。患处清理后涂5%碘酊消毒。骨折处上下拉直,用手法整骨复位。内衬棉花,然后用绷带(或石膏绷带)缠绕3~5层。前后左右各放一根薄竹片或薄木片再用纱布绷带多缠几层,然后用细绳(纱布条)上中下捆绑好。缠绷带不能过紧或过松,要适中。每日要把羊扶起,使之站立采食饲料和饮水,但不能过多活动。患部肿胀消失,患肢能负重时要解开绷带。对开放性骨折,要静脉或肌内注射抗生素防止感染。

(十六)尿 结 石

【病　因】 羊日粮中钙、磷的比例应维持在2∶1,当羊群饲喂偏精料型日粮时,由于精料不能促进唾液的大量分泌,更多的未能随唾液分泌的磷只能从尿中排出,导致尿中磷酸盐结石产生。饲喂豆科植物及甜菜易形成草酸钙结石。饮水量不足也可导致尿结石。

【临床症状】 结石阻塞病羊尿道,引起尿闭、尿痛、尿频,排尿努责,痛苦咩叫,尿中混有血液,严重者膀胱破裂。膀胱结石在不影响排尿时,无临床症状,常在死后剖检时,才发现结石。

【诊断方法】 根据临床症状、病理变化可做出初步诊断,确诊需进行尿液沉渣的检查。

【防治方法】

①钙、磷比例要达到2∶1,镁的含量少于0.2%,公羊应饲喂足够的禾本科干草。谷物饲料的饲喂量不宜过多。饲料不能粉得太细,饲草长度以2～3厘米为宜,以刺激唾液分泌,使更多的磷随粪排出体外。

②增加饮水量。多设饮水点和经常更换饮水也能增加饮水量。将混合饲料中食盐的用量提高到2%～3%,同时添加0.5%氯化铵。氯化铵用量也可按每只每千克体重40毫克计算。

③避免在3月龄前进行阉割。

④对种公羊,在尿道结石时可施行尿道切开术,摘出结石。

(十七)羔羊缺硒病

【病　因】 羔羊缺硒病其发病原因主要是母羊饲草、饲料硒和维生素E缺乏或不足导致母乳中缺乏维生素E或硒,不能满足羔羊生长发育需要。

【临床症状】 2月龄以内的羔羊容易发病。患病羔羊表现为拱背，四肢无力，运动困难，喜卧地。有时呈现强直性痉挛状态，随即出现麻痹，血尿，昏迷，呼吸困难。也有羔羊病初难以发现异常，往往由于惊动而剧烈运动或过度兴奋而突然死亡，应用其他药物治疗不能控制病情。

【病理变化】 死后剖检骨骼肌苍白，营养不良。尿呈红褐色，尿中含蛋白质和糖。

【诊断方法】 据地方缺硒病史、基本症状群、结合临床症状（运动障碍、心脏衰竭、渗出性素质、神经功能紊乱）、特征性病理变化及流行病学等特征可以确定。对羔羊不明原因的群发性、顽固性及反复发作的腹泻，应进行补硒治疗性诊断。

【预防措施】 在缺硒地区养羊，要注意饲料中硒的添加。母羊分别在配种前和妊娠后期肌内注射亚硒酸钠-维生素E注射液4～6毫升。羔羊在20日龄时注射亚硒酸钠-维生素E注射液1～2毫升，间隔20～30天再注射1次。

【治疗方法】 羔羊肌内注射亚硒酸钠-维生素E注射液1～2毫升，间隔20～30天再注射1次。

（十八）佝偻病

【病　因】 主要由于饲料中缺乏维生素D以及日光照射不够，导致哺乳羔羊体内维生素D缺乏，钙、磷吸收障碍，进一步造成钙、磷在体内代谢紊乱。此外，母乳及饲料中钙、磷比例不当或缺乏、各种营养不良症均可诱发本病。

【临床症状】 羔羊生长不良或停滞，精神不好，消化紊乱，有异食现象（喜舔食泥土、墙壁等），软弱无力，喜卧，起卧缓慢，跛行。肋骨与肋软骨交界处出现关节肿胀，呈念珠状，肋骨变形。前后肢的腕、膝关节变形，呈外叉式“八”字形或内叉式“X”形。骨盆骨变形呈现狭窄以及脊柱下弯曲而变形。

【诊断方法】 追踪饲料缺乏维生素 D 及钙、磷等原因，根据长骨弯曲、关节肿胀等特异表现即可做出诊断，测定血清钙、磷水平也有参考意义。诊断时应与白肌病、传染性关节炎、蹄叶炎、软骨症相区别。

【预防措施】

第一，饲喂富含蛋白质、维生素 D 和钙、磷的饲料。

第二，羔羊多在户外运动。

【治疗方法】

①每只羔羊肌内注射维生素胶丁钙注射液 1～2 毫升，维生素 A、维生素 D 注射液 1～2 毫升，隔日 1 次，连用 2～3 周。

②口服鱼肝油，成羊 10～20 毫升，羔羊 5 毫升。口服钙片 2～4 片。

③每只羔羊静脉注射 10%葡萄糖酸钙注射液 10～20 毫升。

附　录

附录一　甘肃元生农牧科技有限公司肉羊产业136发展模式

（供规模羊场参考）

元生肉羊产业发展模式是：通过良种肉羊核心育种场、二级母本羊扩繁场、示范户、三级示范肥育场、合同肉羊肥育场、万亩人工草场、肉羊专用饲料厂、肉羊屠宰厂、羊肉深加工食品厂和有机粪肥生产厂建设以及羊肉质量追溯体系建设，整合羊肉生产上中下游的每一个环节，形成一个以生产高档羊肉为目的可健康运行的产业链，进一步促进河西地区肉羊产业生态、安全、高效生产和畜牧业的持续发展。

（一）做好一个产业

做中国高端羊肉产业化生产示范基地。

（二）实现三个目的

提高肉羊产业化生产水平，带动农民增收致富，促进区域经济健康发展。

(三)做好六件事情

1. 羊肉生产繁育体系建设

(1)核心育种场建设 以甘肃元生农牧科技有限公司种羊场为基础,建成一级核心育种场。其任务是:培育高繁种羊,向二级羊场和广大农户提供种羊、模式(养殖模式和杂交)示范与技术。

(2)二级扩繁场建设 以永昌县元生兴农民专业合作社所属羊场为核心,建设二级扩繁场。其任务是:饲养良种肉羊和母本绵羊,向广大养殖户提供父母本羊。

(3)三级肥育示范场建设 以金昌市富农养殖农民专业合作社为主的肉羊肥育场。任务是:开展肉羊杂交与肥育。

2. 绿色环保肉羊饲料的研发与生产

(1)建成以公司为主体的甘肃省饲草生物工程技术中心,开展绿色环保肉羊饲料的研发。

(2)建成绿色肉羊专用饲料生产线。

(3)完善肉羊饲料配送网络与服务体系。

3. 羊肉安全生产保障体系建立

(1)严格执行饲料及原料卫生监控制度

(2)推行羊群保健管理计划和饲养管理技术规范

(3)制定羊肉质量评定与分级标准

(4)建立羊肉质量可追溯制度

4. 高端羊肉产品研发与生产

(1)立足主打产品——六月龄优质羔羊肉

(2)推出特色产品——优质风味保健羊肉

(3)研发延伸产品——熟羊肉、羊肉干等

5. 羊肉品牌建设与市场开发

(1)做好元生羊肉品牌宣传推广

(2)开设元生高档羊肉专卖店

(3)健全完善羊肉销售网络

6. 专业技术团队建设　依托西北农林科技大学、金昌市农牧局、永昌县农牧局有关技术人员组成专家团队，开展相关技术研发与各种形式的技术咨询培训。

附录二 金昌肉用型湖羊选育技术标准(试行)

1 范围

本标准规定了金昌肉用型湖羊选育方案、技术和湖羊鉴定标准。

本标准适用于金昌湖羊的选育提高。

2 规范性引用文件

DB/T 203—2003 农业企业标准体系 养殖业标准体系的构成和要求。

Q/YTY 001—2004 企业标准体系 技术基础标准

3 术语

体高。鬐甲顶点至地面的垂直高度。

体长。从肩端到臀端距离。

胸围。沿肩胛后角量取的胸部周径。

4 要求

4.1 选育目标

培育出能较好适应河西生态特点的肉用型湖羊新品系。育种群适繁母羊平均产羔率达到250%以上,6月龄公羔平均体重达到38千克以上,母羔达到33千克以上。

4.2 选育技术

4.2.1 建立完整的繁育体系,确定核心群、繁殖群和生产群的规模。

4.2.2 进行纯种选择,采用祖先、个体、后裔、半同胞或相结合的综合选育方法,提高羊群生产水平。

4.3 选育方案

4.3.1 个体选择

种羊要求生产性能好，成熟早，繁殖力高，健康，结实，遗传力强，外形和体质无缺陷，生殖器官发育正常，有明显品种特征，公羊精液品质良好。个体选择应根据以下四个方面进行：

4.3.1.1　根据个体表型选择

4.3.1.2　根据祖先系谱选择

4.3.1.3　根据半同胞测验成绩选择

4.3.1.4　根据后代性能选择

4.3.2　系谱及报表记录

系谱是羊场最基本的育种资料，因此记载要及时、准确，由育种资料管理员负责记录保管，并进行计算机管理。

4.3.2.1　记录羊只基本情况，包括编号、来源、出生日期、初生重和近交系数等。

4.3.2.2　记录三代亲本羊号及生产性能指标。

4.3.2.3　按照羊只不同发育阶段的要求，填写体重、体尺、外貌鉴定结果。

4.3.2.4　填写系谱时，字迹要清楚，不得涂改。

4.3.2.5　按时填写育种报表。

4.3.3　选配原则

4.3.3.1　公羊的等级应高于母羊。

4.3.3.2　有相同的或相反缺点的公、母羊不能进行交配。

4.3.3.3　避免近亲交配。

4.3.3.4　避免使用过幼和过老公羊。

根据以上选配方法及选配原则，结合公、母羊系谱，制定母羊选配计划。

4.3.4　选育程序

4.3.4.1　第一次选择

(1)时间：羔羊断奶时(2 月龄)。

(2)内容：在外貌鉴定的基础上，根据系谱和羊只的生长发育进行初选。

(3)综合选择:

①按鉴定标准和留种率要求,确定羔羊选留数量。

②按个体育种值或综合选择指数进行排队。

③根据下列原则进行复选:

A. 公羊的父母应为最优秀个体,同时应考虑祖父母、外祖父母的种用价值和生产性能。

B. 母羊的父母可按选育要求进行。

C. 公、母羊均不得有遗传疾患。

D. 特优公羊的后代应多选留,同时要兼顾血统关系。

4.3.4.2　第二次选择

(1)时间:6 月龄时进行第二次选择。

(2)内容:

①母羊按生长发育、外貌等级进行选留。

②公羊根据生长发育结合精液品质确定是否选留。选留羊按后裔测定要求进行配种。

5　鉴定

5.1　鉴定规则

5.1.1　鉴定工作由具有中级以上专业技术职称人员进行。

5.1.2　公、母羊 2 月龄断奶时进行初选、6 月龄、1 岁、2 岁时各进行一次综合评定。原则上鉴定工作在每年 5 月至 7 月进行。

5.2　理想型个体外貌特征

体质结实,结构匀称,被毛白色,腹毛粗短,体格中等,公、母羊均无角,头狭长,鼻梁隆起,耳大下垂,颈细长,体躯长,背腰平直,腹微下垂,尾扁圆,尾尖上翘,四肢端正。公羊睾丸发育良好,大小适中、对称。母羊乳房发育良好,柔软而有弹性,乳头匀称。

5.3　生产性能

湖羊公羔初生体重 2.5～3 千克,母羔体重 2.2～2.8 千克;2

月龄公羔断奶体重达18千克以上，母羔达到15千克以上；6月龄公羔体重38千克以上，母羔33千克以上。成年羊体重达70千克以上，成年母羊达到60千克以上。屠宰率50%以上，净肉率40%以上。

5.4 繁殖性能

湖羊性成熟早。母羊可四季发情、排卵、终年配种产羔。在正常饲养条件下，可年产两胎或两年三胎，每胎产2～3羔，部分个体胎产4羔。初产母羊平均产羔率160%以上，经产母羊平均产羔率250%以上。

5.5 分级标准

5.5.1 特级、一级

外貌特征达到理想型标准，体重、体尺符合附表1的规定者为一级。体重超过一级羊标准10%以上的优秀个体为特级。

5.5.2 二级

外貌特征基本符合品种要求，体重、体尺符合附表2的规定。

5.5.3 三级

外貌特征基本符合品种要求，体重、体尺符合附表3的规定。

5.5.4 凡体重、体尺达到等级标准，但存在下列缺陷者均为等外级。

5.5.4.1 明显凹腰凹背、弓腰弓背，上下颌突出或下颌短，毛太绒或太长，胸狭窄，乳房太小，睾丸过度下垂等。

5.5.4.2 “X”、“O”形腿，公羊睾丸发育不全等。

凡不符合本品种特征、特性者，不予评定。理想型湖羊公、母羊体重、体尺标准数据见附表1至附表3。

附录二　金昌肉用型湖羊选育技术标准(试行)

附表 1　理想型湖羊公、母羊体重、体尺标准

项　目	6 月龄		1 岁		2 岁	
	公	母	公	母	公	母
体重(千克)	38	33	60	50	70	60
体高(厘米)	67	54	74	59		
体长(厘米)			73	60	85	64
胸围(厘米)			80	65	95	75

附表 2　湖羊二级公、母羊体重、体尺标准

项　目	6 月龄		1 岁		2 岁	
	公	母	公	母	公	母
体重(千克)	35	30	55	45	65	55
体高(厘米)			63	51	70	56
体长(厘米)			67	55	78	59
胸围(厘米)			74	58	89	68

附表 3　湖羊三级公、母羊体重、体尺标准

项　目	6 月龄		1 岁		2 岁	
	公	母	公	母	公	母
体重(千克)	30	25	50	40	60	50
体高(厘米)			60	48	67	53
体长(厘米)			61	49	72	53
胸围(厘米)			68	52	83	62

附录三　金昌高繁湖羊选育技术标准(试行)

本标准适用于湖羊鉴定和种羊销售。

湖羊为短脂原尾羊,为我国优秀绵羊地方品种,具有四季发情、早熟、生长快、繁殖率高、泌乳性能好、耐粗饲、耐高温、耐高湿等优良性状,可终年舍饲。

1　理想型湖羊体型外貌

湖羊体质结实,结构匀称,被毛白色,腹毛粗短,体格中等,公、母羊均无角,头狭长,鼻梁隆起,耳大下垂,颈细长,体躯长,背腰平直,腹微下垂,尾扁圆,尾尖上翘,四肢端正。公羊睾丸发育良好,大小适中、对称。母羊乳房发育良好,乳头对称。

2　产肉性能

羔羊生长发育快,2 月龄公羔断奶体重达 15 千克以上,母羔达到 13 千克以上。成年羊体重达 65 千克以上,成年母羊达到 55 千克以上。屠宰率 50%以上,净肉率 40%以上。

3　繁殖性能

湖羊性成熟早。母羊可四季发情、排卵、终年配种产羔,在正常饲养条件下,可年产 2 胎或 2 年 3 胎,每胎产 3 羔,部分个体胎产 2 羔或 4 羔。初产母羊平均产羔率 180%以上,经产母羊平均产羔率 280%以上。

泌乳性能:正常饲养条件下,每日泌乳 1.5 千克以上。

4　鉴定

4.1　断奶初选

主要根据体型外貌、体重和胎产仔数初步做出选留判定。

4.1.1　公羔

4.1.1.1　体型外貌达到理想型湖羊个体要求。

4.1.1.2　体重达到15千克以上。

4.1.1.3　为三胞胎个体。

4.1.2 母羔

4.1.2.1　体型外貌达到理想型湖羊个体要求。

4.1.2.2　体重达到13千克以上。

4.1.2.3　为三胞胎个体。

4.2　6月龄鉴定

4.2.1　特级、一级：凡符合下列条件的优良个体可定为一级，体重超过一级羊10%的个体可定为特级。

(1)体型外貌达到理想型湖羊个体要求。

(2)公羔体重达到35千克以上，母羔体重达到30千克以上。

(3)为同胎3羔个体。

4.2.2　二级：凡符合下列条件的个体，可定为二级。

(1)体型外貌基本达到理想型湖羊个体要求。

(2)公羔体重为30～35千克，母羔体重达到25～30千克。

(3)为同胎3羔或双羔个体。

4.2.3　三级：凡符合下列条件之一的个体，均可定为三级。

(1)在体格、体型方面存在不太明显的缺点。

(2)公羔体重为25～30千克，母羔体重达到20～25千克。

(3)为同胎双羔或单羔个体。

4.2.4　等外

4.2.4.1　体格较小、体尺和体重达不到等级标准。

4.2.4.2 体重、体尺达到等级标准，但存在下列缺陷：

①凹腰凹背、弓腰弓背，上下颌突出或下颌短，毛太绒或太长，胸狭窄，乳房太小，睾丸过度下垂等。

②“X”形腿、“O”形腿，公羊睾丸发育不全或精液品质差。

4.3　周岁鉴定

4.3.1　特一级：凡符合下列条件的优良个体可定为一级，体重超过一级羊10%的个体可定为特级。

(1)体型外貌达到理想型湖羊个体要求。

(2)公羊体重达到60千克以上,母羊体重达到50千克以上。

(3)为三胞胎个体。

(4)公羊行动灵活,性欲旺盛,精子活力达到0.8以上。母羊在8～10月龄时发情配种。

4.3.2　二级:凡符合下列条件的个体,可定为二级。

(1)体型外貌基本达到理想型湖羊个体要求。

(2)公羊体重为55～60千克,母羊体重达到45～50千克。

(3)为三胞胎或双胞胎个体。

(4)公羊行动灵活,性欲旺盛,精子活力达到0.7以上。母羊在9～10月龄时发情配种。

4.3.3　三级:凡符合下列条件之一的个体,均可定为三级。

(1)在体格、体型方面存在不太明显的缺点。

(2)公羊体重为50～55千克,母羊体重达到40～45千克。

(3)为同胎双羔或单羔个体。

(4)公羊行动灵活,性欲旺盛,精子活力达到0.7以上。母羊在9～10月龄时发情配种。

4.3.4　等外

4.3.4.1　体格较小、体尺和体重达不到等级标准。

4.3.4.2 体重、体尺达到等级标准,但存在下列缺陷:

①凹腰凹背、弓腰弓背,上下颌突出或下颌短,毛太绒或太长,胸狭窄,乳房太小,睾丸过度下垂等。

②"X"形腿、"O"形腿,公羊睾丸发育不全或精液品质差。

4.4　2岁鉴定

4.4.1　特一级:凡符合下列条件的优良个体可定为一级,体重超过一级羊10%的个体可定为特级。

(1)体型外貌达到理想型湖羊个体要求。

(2)公羊体重达到70千克以上,母羊体重达到60千克以上。

(3)为三胞胎个体。

(4)公羊行动灵活,性欲旺盛,精子活力达到0.8以上。母羊在8～10月龄时发情配种,第一、第二胎均产3只健康羔羊。

4.4.2 二级:凡符合下列条件的个体,可定为二级。

(1)体型外貌基本达到理想型湖羊个体要求。

(2)公羊体重为65～70千克,母羊体重达到55～60千克。

(3)为三胞胎或双羔个体。

(4)公羊行动灵活,性欲旺盛,精子活力达到0.7以上。母羊在9～10月龄时发情配种,第一、第二胎共产5只或5只以上健康羔羊。

4.4.3 三级:凡符合下列条件之一的个体,均可定为三级。

(1)在体格、体型方面存在不太明显的缺点。

(2)公羊体重为60～65千克,母羊体重达到50～55千克。

(3)为同胎双羔或单羔个体。

(4)公羊行动灵活,性欲旺盛,精子活力达到0.7以上。母羊在9～10月龄时发情配种,第一、第二胎共产3～4只健康羔羊。

附录四　金昌湖羊饲养管理技术规范

（征求意见稿）

前言

本规范按照 GB/T 1.1—2009 给出的规则起草。

本规范由西北农林科技大学和金昌市畜牧局提出。

本规范起草单位：西北农林科技大学、金昌市畜牧兽医局、永昌元生饲料有限责任公司。

本标准主要起草人：周占琴、张爱平、李广、付明哲、宋宇轩、武和平。

1　范围

本规范制定了甘肃金昌湖羊各环节饲养管理的技术要求。

本规范适用于甘肃金昌市湖羊的饲养管理。

2　规范性引用文件

下列文件对于本文件的应用是必不可少的。凡是注日期的引用文件，仅注日期的版本适用于本文件。凡是不注日期的引用文件，其最新版本（包括所有的修改单）适用于本文件。

GB 16548 病害动物和病害动物产品生物安全处理规程

NY 5027 无公害食品　畜禽饮用水水质

3　饲草料调制

3.1　颗粒饲料

根据湖羊不同生理阶段的营养需要，将精粗饲料按一定比例混合后，加工成颗粒料。

3.2　粗饲料

粗饲料以豆科和禾本科牧草为主，尽可能多样化，铡短或揉碎后饲喂。

4　饲养管理

4.1　种公羊的饲养管理

4.1.1　种公羊的体况要求：种公羊要求常年保持中上等膘情，健康、活泼、精力充沛，性欲旺盛。

4.1.2　种公羊的饲料质量要求：要求饲料营养价值高，富含蛋白质、矿物质和维生素A、维生素D和维生素E，而且易消化吸收、适口性好。

4.1.3　种公羊的饮水要求：要求饮水清洁、无污染饮水。

4.1.4　种公羊不同生理阶段的饲养管理技术要求

4.1.4.1　非配种期饲养管理

①每日种羊精料补充料0.5～0.7千克/只。

②每日喂青绿饲料或青贮饲料1～2千克/只。

③自由采食由紫花苜蓿、花生蔓和黑麦草等组成的优质青干草(2～3厘米长)。

④自由饮用清洁饮水。

⑤配种前1～1.5个月开始配种准备工作。

A. 逐渐增加精料饲喂量。

B. 每隔1～2天采精1次，检查精液品质。

C. 经常按摩睾丸，刷拭体躯。

D. 修整蹄甲，使公羊保持肢体端正、健康。

⑥每日驱赶运动2～3小时，使公羊保持旺盛的精力。

4.1.4.2　配种期饲养管理

①每日喂精料补充料0.8～1千克/只。

②每日喂鲜鸡蛋2枚或鲜牛奶0.5千克/只。

③每日喂胡萝卜1～2千克/只。

④自由采食由紫花苜蓿、花生蔓和黑麦草等组成的优质青干草(2～3厘米长)。

⑤自由饮用清洁饮水，

⑥每日驱赶运动 2～3 小时。

⑦单圈饲养且与母羊保持一定距离。

4.1.4.3　采精频率

①成年公羊在繁殖季节，每日可采精 2～3 次，每次间隔 15 分钟以上，每周至少休息 1 天。

②每日采精 3 次的公羊，最好早上采 2 次，下午采 1 次。

4.2　妊娠母羊的饲养管理

4.2.1　妊娠前期(母羊妊娠期前 3 个月)的饲养管理

4.2.1.1　饲料供给

①饲喂精料补充饲料 0.5～0.7 千克/日。

②早、晚两次供给优质青干草，任其自由采食。

③饲喂青贮饲料 1～2.0 千克/日。

4.2.1.2　饲养管理应注意事项

①严禁饲喂霉变饲料。

②禁止接种疫苗和使用驱虫药。

③户外运动时间保持在 2～3 小时/日。

4.2.2　妊娠后期(妊娠后 2 个月)的饲养管理

4.2.2.1　饲料的供给

①饲喂精料补充饲料 0.5～0.7 千克。

②早、晚两次供给优质青干草(以 2～3 厘米长的紫花苜蓿为主)，任其自由采食。

③每只饲喂胡萝卜 0.5～1 千克/日。

4.2.2.2　饲养管理应注意事项

①对多产母羊适当增加精料补充饲料和苜蓿青干草饲喂量。

②防止羊群打斗。出入圈门时，严防羊只拥挤、踩踏。

③严禁饲喂霉变饲料。

④产羔前 20 天接种羔羊痢疾苗，但禁止接种其他疫苗和使用驱虫药。

⑤适当增加日粮中矿物元素添加量，尤其注意磷元素的含量和钙、磷比例。

⑥户外运动时间保持在 2 小时/日左右。

4.2.2.3　饮水供给

自由饮用清洁饮水，冬天水温加至 10℃左右，严禁饮用冰冷水和被污染水。

4.2.2.4　环境卫生管理

①保持环境清洁卫生，及时清除圈舍和运动场的积粪、塑料薄膜和玻璃等异物。

②保持圈舍空气流通。圈舍要留有换气窗口。羊群出圈后，要打开门窗换气。

③保持圈舍干燥。

4.2.2.5　饲槽、水盆卫生

①饲喂各类饲料之前必须清扫饲槽，保持槽内无土或其他杂物、异物。

②水盆每日清洗 1 次。

③清扫饲槽和水盆的专用器具必须放置在固定的位置上，不得用于圈舍清扫。

④防止羔羊进入饲槽，踩踏污染饲料。

4.3　育成羊的饲养管理

育成羊是指羔羊断乳后到第一次配种的羊。

4.3.1　断奶羊群的饲养管理

断奶后 1～2 个月，羊只处于断奶应激期，容易患病、死亡，需要特别关照。

4.3.1.1　分群

①公、母羊分群管理

②大、小羊分群

③留种与非留种羊分群管理

4.3.1.2 佩戴永久性耳标。

4.3.1.3 注意观察羊群采食、反刍、粪便、呼吸表现，发现问题，及时解决。

4.3.1.4 定时驱赶到户外运动、多晒太阳。有条件的羊场，可赶到附近草地放牧，由近到远，逐渐增加放牧时间和距离。

4.3.1.5 舍饲羊群日粮以优质青干草为主，分早、中、晚 3 次供给，任其自由采食。逐渐增加青贮饲料或青绿饲料饲喂量。

4.3.1.6 精料补充料由羔羊料逐渐过渡到青年羊料。

4.3.1.7 饲喂全混合颗粒料的羊，每只以 1～1.2 千克/日为宜。早、晚自由采食优质青干草。

4.3.1.8 粗饲料以苜蓿、黑麦草等优质青干草和花生蔓等秸秆为主。

4.3.1.9 断奶应激期过后，羊群表现稳定时，进行疫苗接种和驱虫。

4.3.1.10 供给清洁饮水，任其自由饮用。

4.3.2 青年羊群的饲养管理

断奶应激期过后，羊只抗病力增强，生长速度加快，对营养的需求量上升。

4.3.2.1 选择繁茂的草场放牧。通过延长放牧时间，增加采食量。

4.3.2.2 舍饲羊群日粮以优质青干草为主。每日补充精料 0.2～0.3 千克，驱赶运动 2 小时以上。

4.3.2.3 饲喂全混合颗粒料的羊，每只以 1.2～1.5 千克/日为宜。早、晚自由采食优质青干草。

4.3.2.4 供给清洁饮水，任其自由饮用。

4.3.2.5 对体重达到35 千克以上的母羊，可安排在第二个发情期配种。

4.3.2.6 母羊在配种前 30 天提高日粮营养水平(短期优饲)，延长放牧时间或增加精料喂量20%～30%。

4.3.2.7 公羊在1周岁时，选配30只母羊，进行后裔测定。

4.4 羔羊的饲养管理

4.4.1 新生羔羊的护理

新生羔羊是指出生1周的羔羊。

4.4.1.1 羔羊出生后，立即擦去口腔、鼻孔和耳内黏液，然后交由母羊舔干。如果羔羊出现窒息，可按压腹部，或倒提胎儿，轻拍背部，以促使胎儿恢复呼吸。

4.4.1.2 在距腹壁5厘米处，用碘酊浸泡过的线绳结扎脐带，并在结扎下方1～1.5厘米处用消毒剪刀剪断脐带。

4.4.1.3 让母羊尽快添干羔羊身上的黏液，如果母羊不舔羔，可在羔羊身上撒上麸皮，诱导母羊添干。在寒冷季节或在一胎多羔的情况下，牧工要用毛巾迅速擦干羔羊。

4.4.1.4 对羔羊进行称重，打临时号并予以标记，填写有关记录。

4.4.1.5 让新生羔羊在出生后半小时内吃上初乳。对弱羔或多羔羊要进行人工辅助吮乳，吮乳次数不需限制。

4.4.1.6 新生羔羊应与母亲单圈饲养。

4.4.1.7 缺奶羔羊可交由其他产单羔母羊或失仔母羊认领。

①用认领母羊的胎衣或羊水涂抹被认领羔羊。

②认领母羊与被认领羔羊单圈饲养，并由人工定时辅助羔羊吮乳。

4.4.1.8 圈舍放置清洁饮水，水温不低于10℃。

4.4.1.9 其他注意事项

①注意观察羔羊是否对双侧乳头均匀吮乳，防止单羔羊因吮乳一侧乳头，引发乳房炎。

②注意观察母羊的产奶量是否可满足羔羊的需要。发现问题，及时采取救助措施。

4.4.2 常乳期羔羊的饲养管理

常乳期是指羔羊产后1周至断奶前。

4.4.2.1 佩戴耳标:1周龄左右佩戴耳标。

①耳标颜色:公羔为红色或黄色,母羔为蓝色。

②耳标编号:公羔为单号,母羔为双号。一共用8位数字,前2位为出生地(可用字母代替),中间2位为出生年号,后4位为羔羊出生序号。如2012年出生在金昌的母羔可编为:JC120066。

③耳标佩戴:在耳朵上1/3中部,距边缘1～2厘米处,避开血管打孔,佩戴耳标。

4.4.2.2 补硒:缺硒地区的羔羊1～2周龄时,肌内注射亚硒酸钠维生素E注射液1～2毫升。

4.4.2.3 开食:10日龄开始自由采食易消化的细脆优质干草或叶片,2周龄开始自由采食营养丰富、易消化的羔羊专用颗粒料。

4.4.2.4 去势:非留种公羔在20日龄左右摘除睾丸,商品母羔在1月龄左右摘除卵巢。

4.4.2.5 饮水:圈舍放置清洁饮水,任其自由饮用,水温不低于10℃。

4.4.2.6 运动:定时驱赶羔羊到舍外运动,以提高健康水平。

4.4.2.7 断奶:羔羊在7周龄、体重达到20千克时开始减少吮乳次数,1周后彻底断奶,切勿突然断奶。

4.5 肥育羊的饲养管理

4.5.1 肥育准备

4.5.1.1 肥育羊品种选择:选择非留种湖羊、小尾寒羊、杜泊×湖羊或小尾寒羊杂种、陶赛特×湖羊或小尾寒羊杂种、陶赛特×湖羊×杜泊杂种。

4.5.1.2 母羊配种时间的安排:将母羊第一次配种时间安排在8月份,第二次配种时间安排在第二年4月份。

4.5.1.3 母羊同期发情:利用药物对繁殖母羊进行诱导发情处理,实现母羊同期发情、同期配种、同期产羔和羔羊批量上市。

4.5.1.4　母羊的饲养管理：按照相关技术规范，搞好母羊的饲养管理工作，使所产的羔羊发育良好，初生重大，便于管理。母羊奶水充足，有利于羔羊的健康生长。

4.5.1.5　哺乳期羔羊的饲养管理：见羔羊饲养管理技术规范。

4.5.2　肥育圈舍的准备

4.5.2.1　肥育圈舍要求避风、向阳、干燥、空气流通，舍内温度保持在10℃～25℃，冬暖夏凉。

4.5.2.2　用2%火碱溶液对圈舍地面、墙壁进行消毒。

4.5.3　肥育方案的制订

4.5.3.1　安排具体养殖管理人员和各饲养区域的安全管理工作。

4.5.3.2　选择合理的日粮供应标准和方法，提出饲料供应计划。

4.5.4　肥育羔羊的选择

选择经过去势（根据市场要求）、防疫和驱虫的体重20千克以上的健康无病断奶公、母羔羊。

4.5.5　肥育

4.5.5.1　第一阶段（0～10天）

①对所有肥育羔羊进行空腹称重和健康检查，达到肥育要求的羔羊方可进入肥育群。

②供给饲料由代乳料逐渐过渡到全混合肥育颗粒料，按体重的1%供给。

③自由采食以苜蓿为主的优质青干草。

④自由饮用清洁饮水。

⑤户外运动1～2小时。

⑥观察、记载羊群采食情况（包括采食量、采食速度等）。

4.5.5.2　第二阶段（10～70天）

①对肥育羔羊进行空腹称重。

②按已确立的肥育方案进行正式肥育饲养。

③供给全混合肥育颗粒料，每日分3次饲喂，自由采食。

④观察、记载羊群采食情况(包括采食量、采食速度等),及时回收剩余饲料。

⑤自由饮用清洁饮水。

⑥户外自由运动。

4.5.5.3　当肥育羔羊体重达 35～38 千克且全身肌肉丰满时,即可出栏。

4.5.5.4　肥育时应注意事项

①禁止饲喂霉变、冰冻饲料。

②饲料中禁止添加国家禁止使用抗生素和促生长素。

③饲料中禁止添加尿素。

④严格执行肉羊休药期制度,出栏前 1 个月禁止使用抗寄生虫和抗生素药物。

⑤及时清理圈舍和饲槽,保持饲养环境和工具干净卫生。

附录五　湖羊寄生虫病防治技术规范

1　范围

本标准规定了羊主要寄生虫病的防治技术规范，包括驱治，牧地净化、粪便、尸体、病畜(料)的处理和监测考核。

本标准适用于羊绦虫病、绦虫蚴病(棘球蚴、多头蚴和细颈囊尾蚴)、羊消化道线虫病、肺线虫病、羊螨病和羊狂蝇蛆病的防治。

2　规范性引用文件

GB 16548 畜禽病害肉尸及其产品无害化处理规程

GB 16567 种畜禽调运检疫技术规范

GB 18596 畜禽养殖业污染物排放标准

中华人民共和国兽药典

中华人民共和国兽药规范

兽药管理条例

进口兽药质量标准

兽药质量标准(第一册)

兽药质量标准(第二册)

3　防治要求

3.1　人员要求

防治人员须经兽医专业技术培训，持证上岗，严格执行操作规程，做好人畜防护安全工作。

3.2　设施、设备要求

3.2.1　药浴池要防渗漏，并建在地势较低处，远离居民生活区和人畜饮水水源。

3.2.2　药浴、药淋设备应按操作要求使用。

3.3　引进羊要求

新引进或外来羊只按 GB 16567 的规定执行。

3.4 驱(浴)前的要求

3.4.1 驱(浴)前,先小群试驱(浴),确认安全后方可大群驱(浴)治。

3.4.2 驱虫羊应在清晨投药前空腹;药浴羊应提前饮足水;犬驱治前应禁食12小时以上。

4 驱治

4.1 驱治原则

根据各地不同生态条件和不同寄生虫病的流行病学规律,采取以本地区重点寄生虫病为主的集中、定期驱(浴)治的防治原则。

4.2 药物使用原则

药物的使用必须符合《中华人民共和国兽药典》、《中华人民共和国兽药规范》、《兽药质量标准(第一册)、(第二册)、《进口兽药质量标准》的相关规定。所用兽药必须来自具有《兽药生产许可证》和产品批准文号的生产企业,或者具有《进口兽药许可证》的供应商。所用兽药的标签应符合《兽药管理条例》的规定。

4.2.1 药物应选择高效、安全方便的驱虫药,允许使用附录A中的抗寄生虫药。

4.2.2 根据剂型含量不同,具体用量以药品说明书为依据。

4.2.3 严格遵守药浴药物规定的用法和用量。

4.2.4 休药期应遵守附录A中规定的时间。附录中未规定休药期的品种,休药期不应少于28天。

4.2.5 凡未经鉴定,区域试验验证的药物不得使用。

4.2.6 严禁使用未经农业部批准或已经淘汰的兽药。

4.3 驱治时间

4.3.1 羊于春季和秋、冬季节进行,视各地情况可适当调整。

4.3.2 犬每月固定驱虫日(间隔约30天)。

4.4 驱虫防治

4.4.1 羊实施2次综合防治驱虫,第一次春季驱虫应在成虫期前进行驱虫，第二次冬季驱虫应在感染后期驱治（羊绦虫病在虫体未成熟前驱虫，羊消化道线虫在幼虫感染高峰期时进行，而羊狂蝇蛆应在幼虫滞育前驱治）。

4.4.2　犬每月驱虫 1 次。

4.5　药浴防治

羊一年进行春、秋两次药浴，第一次在春季剪毛后 7～10 天进行，第二次深秋进行，视各地防治情况每年只进行 1 次药浴也可，但所有羊只必须进行秋季药浴。

4.6　驱治密度

实行整群全驱、全浴、不漏驱（浴）分散羊。

4.7　技术要求

4.7.1　保证投药剂量准确，药浴液充分溶解或混悬，搅拌均匀，当天配制当天使用，药浴过程中注意及时补充药液，保持药液有效浓度。

4.7.2　药浴羊只浸浴时间须达 1 分钟，并按压羊头入药液 3 次。

4.7.3　药淋以浸透羊毛为原则。

4.7.4　羊投药后固定区域排虫。

4.7.5　犬应定点拴圈，投药前禁食 12 小时，投药后原地排虫不少于 3 天。

4.7.6　驱治（药浴）应跟踪观察，中毒、伤残羊应及时抢救、治疗。

5　牧地净化与饲养管理

5.1　牧地净化

5.1.1　有计划地实行划区轮牧制度，保护草场和减少寄生虫感染。

5.1.2　采取不同畜种间轮牧，减少寄生虫交叉感染。

5.1.3　污染牧地，特别是潮湿和森林牧地，草场休牧时间一般不少于 18 个月，以利净化。

5.2　放牧管理

5.2.1　尽量避开在低湿的地点放牧，避免清晨、傍晚、雨天放牧。

5.2.2　禁止饮用低洼地区的积水或死水，建立清洁的饮水地点。

5.2.3　幼畜与成年畜应分开放牧，以减少感染机会。

5.2.4　病羊应及时隔离治疗，严禁混群放牧饲养，以防感染传播。

5.2.5　扩大和利用人工草场，采用放牧与补饲相结合的饲养方式，合理补充精料和必要的添加剂，增强羊只抵抗力。

6　圈舍、粪便、尸体、废弃物(液)的处理

6.1　圈舍灭虫

6.1.1　定期对圈舍墙壁、地面、围栏、饲具及其周围环境进行消毒。

6.1.2　消毒时间与投药、药浴同步进行，在冬、春寄生虫病高发季节，每半月1次。

6.1.3　夏、秋狂蝇活动盛期，可采用防蝇剂喷洒羊体和圈舍。

6.2　粪便处理

6.2.1　圈舍粪便应及时清除，粪便集中堆积发酵处理，利用生物热杀灭各类虫体和虫卵。

6.2.2　犬驱治后3天内粪便应就地焚烧或深埋，场地应用火焰消毒处理，以防污染。

6.3　尸体、废弃物(液)处理

6.3.1　严禁未经处理的病尸、废弃物，直接喂犬或随地抛掷。尸体及废弃物处理按GB 16548规定执行。

6.3.2　药浴后的废药液按GB 18596的规定执行。

7　监测

7.1　监测抽样

7.1.1　抽样比例

羊为2∶4∶4(其中羔羊20%，周岁羊40%，成年羊40%)。

7.1.2　抽样总量

7.1.2.1　羊单群监测：大群(200只以上)抽样15%；中群(100～150只)抽样25%，小群(100只以下)抽样30%。但不论群的大

小,抽样总量不少于 30 只。

7.1.2.2　羊群体监测(以饲养场或县乡为单位),抽样面为总群数的 10%～15%,按年龄类型比例抽样,总抽样数不少于 200～300 只。

7.1.2.3　家犬抽样 10%～15%,牧犬全部测试。

7.2　绦虫病、线虫病监测

7.2.1　监测时间

每年驱虫前、后和冬宰期间进行。

7.2.2　监测方式

7.2.2.1　大面积驱虫的同时进行检查。

7.2.2.2　冬宰期间,采集羊肠道内容物检查虫体(虫卵)。

7.3　羊绦虫蚴病(棘球蚴、多头蚴和细颈囊尾蚴)监测。

7.3.1　监测时间

日常屠宰和冬宰期间进行。

7.3.2　监测方式

7.3.2.1　日常屠宰调查。

7.3.2.2　冬宰期间,进行内脏(肺、肝、肠系膜等)和脑的棘球蚴、多头蚴、细颈囊尾蚴的寄生状况检查。

7.3.2.3 脑包虫(多头蚴)监测应通过临床诊治和尸体剖检。

7.4　羊螨病监测

7.4.1　监测时间

每年春、秋高发季节进行。

7.4.2　监测方式

7.4.2.1　根据临床症状。

7.4.2.2　刮取羊体表皮屑,镜下检查螨虫。

7.5　羊狂蝇蛆病监测

7.5.1　监测时间

每月和冬宰期间进行。

7.5.2 监测方式

7.5.2.1 根据临床症状。

7.5.2.2 冬宰期间,剖检羊头检查。

7.6 犬绦虫监测

7.6.1 监测时间

每年4～5月间(羊群转场前)进行。

7.6.2 监测方式

每年1次应用氢溴酸槟榔碱驱虫检查,药物使用要求见附表4。

附表4 肉羊允许使用药物及使用规定

类别	名　称	制　剂	用法与用量	休药期(天)
抗寄生虫药	双甲脒	溶　液	药浴、喷洒、涂擦,配成。0.05%的溶液	7
	伊维菌素	片　剂	内服,1次量,0.2毫克/千克体重	21
		注射液	皮下注射,1次量,0.2毫克/千克体重	21
	克洛汕特	片　剂	内服,1次量,10毫克/千克体重	—
		注射液	皮下、肌内注射,1次量,5～0.75毫克/千克体重	—
	螨　净	溶　液	初浴液浓度为250×10^{-4},补充药液为750×10^{-6}	—
	硫双二氯酚	片　剂	内服,1次量,75～100毫克/千克体重	—
	芬苯达唑	片　剂	内服,1次量,10～20毫克/千克体重	—

续附表 4

类别	名　称	制　剂	用法与用量	休药期（天）
抗寄生虫药	丙硫苯咪唑	片　剂	内服，1 次量，5～15 毫克/千克体重	—
	盐酸左旋咪唑	片　剂	内服，1 次量，5～10 毫克/千克体重	3
		注射液	皮下、肌肉注射，1 次量，5～6 毫克/千克体重	3
	奥芬达唑	片　剂	内服，1 次量，5～10 毫克/千克体重	—
	赛福丁	溶　液	初浴液浓度 1∶2000，补充药液 1∶2500 稀释	—
	溴氰菊酯（敌杀死）	溶　液	预防浓度为 30×10^{-4}，治疗浓度应达 $50\times10^{-6}\sim80\times10^{-6}$	—
	倍硫磷	溶　液	泼淋，配成 0.05%的溶液	—
	氢溴酸槟榔碱	粉　剂	犬内服，1 次量，2～4 毫克/千克体重	—
	吡喹酮	片　剂	内服，1 次量，10～35 毫克/千克体重	—
	盐酸噻咪唑	片　剂	内服，1 次量，10～15 毫克/千克体重	3
		注射液	皮下、肌内，注射 1 次量，10～12 毫克/千克体重	—
	氯硝柳胺	片　剂	内服，1 次量，50～70 毫克/千克体重	—

附录六　湖羊疫病防治技术规范

1　范围

本标准规定了肉羊养殖区的疫病防治各项技术规范，以及资格、饲料、兽药和饮水、肉羊引进、饲养管理、无害化处理、消毒、免疫、疫病监测、疫病控制和扑灭、养殖档案方面的技术要求。

2　规范性引用文件

下列文件中的条款通过本标准的引用而成为本标准的条款。凡是注日期的引用文件，其随后所有的修改单(不包括勘误的内容)或修订版均不适用于本标准，然而，鼓励根据本标准达成协议的各方研究是否可使用这些文件的最新版本。凡是不注日期的引用文件，其最新版本适用于本标准。

GB 7959—1987 粪便无害化卫生标准

GB 8978—1996 污水综合排放标准

GB 16548—1996 畜禽病害肉尸体及其产品无害化处理规程

NY 5027—2001 无公害食品　畜禽饮用水水质

NY 5148—2002 无公害食品　肉羊饲养兽药使用准则

NY 5150—2002 无公害食品　肉羊饲养饲料使用准则

NY/T 5151—2002 无公害食品　肉羊饲养管理准则

DB21/T 1295—2004 肉羊小区综合生产技术规范

3　资格

3.1　肉羊生产小区的选址、布局、设施及其卫生要求、工作人员健康卫生要求、运输卫生要求、防疫卫生等应符合 NY/T 5151 规定的要求，养殖规模应符合 DB21/T 1295 规定的要求。

3.2　肉羊生产小区应经县级以上兽医主管部门审查合格，并取得《动物防疫条件合格证》。

4 饲料、饮水和兽药的要求

4.1 饲料、饲料添加剂的使用应符合 NY 5150 的规定。

4.2 饮水应符合 NY 5027 的规定。

4.3 兽药的使用应符合 NY 5148 的规定。

5 肉羊引进

5.1 引进种羊要严格执行《种畜禽管理条例》第七、第八、第九条，并按照 CB 16567 进行检疫。坚持自繁自养的原则，不从有痒病或牛海绵状脑病及其高风险的国家和地区引进。

5.2 引进的肉羊应具有《动物产地检疫合格证明》或《出县境动物检疫合格证明》，同时应具有《动物及动物产品运载工具消毒证明》。

5.3 从省外购入肉羊，应按规定进行报批、报验。

5.4 省内引进的肉羊应是来自于已取得《动物防疫条件合格证》的肉羊区。

5.5 羊只引入后至少隔离饲养 30 天，在此期间进行观察、检疫，确认为健康羊只方可合群饲养。

6 饲养管理

6.1 场内兽医人员不应对外诊疗羊及其他动物的疾病。

6.2 羊场配种人员不应对外开展羊的配种工作。

6.3 防止周围其他动物进入场区。

6.4 选择高效、安全的抗寄生虫药，定期对羊只进行驱虫、药浴。

6.5 应对成年种公羊、母羊定期浴蹄和修蹄。

6.6 应经常观察羊群健康状态，发现异常及时处理。

6.7 不喂发霉和变质的饲料、饲草。肥育羊按照饲养工艺转群时，按性别、体重大小分群，分别进行饲养。群体大小、饲养密度要适宜。每天打扫羊舍卫生，保持饲槽、水槽用具干净，地面清洁。使用垫草时，应定期更换，保持卫生清洁。

6.8 应定期定点投放灭鼠药，及时收集死鼠和残余鼠药，并应做深埋处理。消除水坑等蚊蝇滋生地，定期喷洒消毒药物。

7 无害化处理

7.1 羊粪便清除之后，应通过生物发酵等技术方法处理，达到 GB 7959 的要求。

7.2 羊小区排出的污水要流向污水池，经沉淀生物处理，达到 GB 8978 的要求后，再向外排放。

7.3 对于病死羊应进行无害化处理，达到 GB 16548 的要求。

8 消毒

8.1 小区卫生消毒

8.1.1 大门入口设运输车辆消毒池和人员消毒更衣间，进入小区的车辆应用次氯酸盐或有机碘混合物等，用喷雾装置进行喷雾消毒。车辆消毒池应与大门同宽，长度达车轮 2 周长以上，两边为缓坡，消毒液可用 3%火碱或煤酚溶液消毒，每周更换 2 次。进入小区人员通过的消毒槽加入 2%火碱，每 3 天更换 1 次。在雨雪天后消毒药(垫)应及时更换。人员更换消毒后的衣服和鞋帽方可进入小区。

8.1.2 小区地面每月消毒 2～3 次。

8.1.3 羊舍周围环境(包括运动场)每周消毒 1 次；小区周围及小区内污水池、排粪坑和下水道等污道及出口，每月应至少消毒 2～3 次。

8.1.4 生活区的各个区域每月消毒 2～3 次。

8.2 舍内卫生消毒

8.2.1 新建羊舍进羊前，应在舍内干燥后，屋顶、地面用消毒剂消毒 1 次。一切用具应充分清洗消毒。

8.2.2 使用过的羊舍进羊前，彻底清除一切物品，然后用高压水枪冲洗地面、墙面，要求无任何杂物和灰尘，待羊舍干燥后，再用消毒剂彻底喷雾消毒 1 次。若地面用 2%火碱水消毒，要在消毒 6～12 小时后，用清水冲净，同时用福尔马林熏蒸消毒。

8.2.3　羊舍内地面定期用消毒药进行喷雾消毒。

8.2.4　定期对饲喂用具、饲槽和饲料车等进行消毒，可用0.1%新洁尔灭或0.2%～0.5%过氧乙酸消毒；日常用具(如兽医用具、助产用具、配种用具等)在使用前后应进行彻底消毒和清洗。

8.2.5　交替使用消毒药，并对消毒效果进行监测。

8.3　人员消毒

8.3.1　工作人员和外来人员进入生产区时，应更换消毒过的工作服和工作鞋，并遵守小区内防疫制度，按指定路线行走。

8.3.2　可用0.1%新洁尔灭溶液等洗手、洗工作服或胶靴。

9　免疫

9.1　强制免疫疫苗应来源于各级动物防疫机构，其他疫苗应在具有《兽药经营许可证》的单位购买有国家正式批准文号的产品。

9.2　对疫苗进行正确保存和使用，不应使用过期或包装瓶破损的疫苗。

9.3　羊群应进行口蹄疫疫苗免疫，免疫密度应达到100%，并及时补免，使肉羊常年处于免疫保护状态，并佩戴好免疫标志。

9.4　每年春季进行羊痘、三联四防(羊快疫、羊猝殂、羊肠毒血症)的免疫，免疫密度应达到100%。

9.5　布鲁氏菌病按省兽医行政部门相关规定执行。

9.6　各地区、各羊场可能发生的传染病各异，要根据传染病种类和疫苗种类、免疫次数和免疫期制定出适合羊场的免疫程序，有计划地对健康羊群进行免疫接种。目前，我国用于预防羊主要传染病的疫苗有以下几种，其种类和使用方法见附表5和附表6。

附表5 成年肉羊的免疫程序

性别	免疫时间	疫苗种类	免疫途径	剂量	免疫期
母羊	配种前14天	牛O型口蹄疫灭活苗	皮下注射	3毫升	6个月
		羊梭菌三联四防苗	肌内注射	5毫升	6个月
		丙硫咪唑	口 服	15～50毫克/千克体重	
	配种前7天	羊梭菌三联四防苗	肌内注射	5毫升	6个月
	产后30天	牛O型口蹄疫灭活苗	皮下注射	3毫升	6个月
		羊梭菌三联四防苗	肌内注射	5毫升	6个月
		丙硫咪唑	口 服	15～50毫克/千克体重	
	产后45天	山羊传染性胸膜肺炎疫苗	肌内注射	3毫升(6月龄内) 5毫升(6月龄上)	12个月
		羊痘疫苗	尾根内侧 皮内注射	0.5毫升	12个月
		丙硫咪唑	口 服	15～50毫克/千克体重	
公羊	每年3月份	羊痘疫苗	尾根内侧 皮内注射	0.5毫升	12个月
		山羊传染性胸膜肺炎疫苗	肌内注射	3毫升(6月龄) 5毫升(6月龄上)	12个月 6个月
	4月份	牛O型口蹄疫灭活苗	皮下注射	3毫升	6个月
		丙硫咪唑	口 服	15～50毫克/千克体重	
		羊梭菌三联四防苗	肌内注射	5毫升	6个月
	10月份	牛O型口蹄疫灭活苗	皮下注射	3毫升	6个月
		羊梭菌三联四防苗	肌内注射	5毫升	6个月
		丙硫咪唑	口 服	15～50毫克/千克体重	

附表 6　羔羊育成羊免疫程序

免疫时间	疫苗种类	免疫途径	剂　量	免疫期
10 日龄	0.1%～0.2% 亚硒酸钠-维生素 E 注射液	肌内注射	1 毫升;隔 25 天肌内注射 1.5 毫升	
15 日龄	羊梭菌三联四防苗 传染性胸膜肺炎疫苗	肌内注射 肌内注射	5 毫升 3 毫升(6 月龄) 5 毫升(6 月龄上)	6 个月 12 个月
45 日龄	羊产气荚膜梭菌多价苗 羊口疮弱毒细胞冻干苗	肌内注射 口唇黏膜内注射	按说明 0.2 毫升	6 个月 6 个月
60 日龄	绵羊痘疫苗 牛 O 型口蹄疫灭活苗	尾根内侧皮内注射 皮下注射	0.5 毫升 3 毫升	12 个月 6 个月
90 日龄	0.1%～0.2% 亚硒酸钠-维生素 E 注射液 丙硫咪唑	肌内注射 口　服	1 毫升;隔 25 天肌内注射 1.5 毫升 15～50 毫克/千克体重	
180 日龄	羊梭菌三联四防苗	肌内注射	5 毫升	6 个月
240 日龄	牛 O 型口蹄疫灭活苗	皮下注射	3 毫升	6 个月

10　疫病监测

10.1　饲养小区兽医人员应定期对饲养的肉羊做健康检查,并详细填写健康记录,发生疑似疫病时要向当地畜牧兽医行政主管部门报告,协助诊断,并按有关规定处理。

10.2　肉羊饲养小区每半年进行 1 次布鲁氏菌病的净化工作。

10.3　肉羊饲养小区应接受各级动物防疫监督机构的监督和疫病监测。

10.4 肉羊饲养场应监测的疫病有:口蹄疫、羊痘、蓝舌病、炭疽、布鲁氏杆菌病,同时必须加强监测外来病的传入,如痒病、小反刍兽疫、梅迪/维斯纳病等。疫病监测工作按照有关规定执行。

11 疫病控制和扑灭

11.1 肉羊饲养小区疑似发生传染病时,应立即向当地畜牧兽医行政主管部门报告疫情,对病羊及其污染小区采取严格的防治措施,防止疫情扩散。

11.2 确诊发生口蹄疫等一类传染病时,在动物防疫监督机构的监督下,采取严格的封锁、隔离、扑杀、消毒和紧急免疫等措施。

11.3 确诊发生炭疽、布鲁氏菌病、结核病等二、三类传染病时,在动物防疫监督机构的监督下,按国家及省相关规范实施净化、病羊淘汰、紧急免疫、消毒等防疫措施,病死羊应进行无害化处理。

12 建立养殖档案

肉羊饲养小区兴办者应向所在地县级畜牧兽医行政部门备案,取得畜禽标识代码,建立肉羊养殖档案,兽药、饲料使用记录,消毒记录,免疫记录,监测记录,病死羊只记录,无害化处理记录。肉羊个体淘汰、出栏或死亡后,其相关记录保存2年以上。

附录七　肉绵羊的饲养标准

饲养标准又称营养标准，是根据羊的品种、性别、年龄、体重、生理状态、生产方向和水平，规定每只羊每天应获取的各种营养量，也是进行科学养羊的依据和重要参数。养殖技术人员可根据羊的营养需要量和各种饲料原料的营养价值计算出羊在特定生理状况下的日粮配方。

农业部2004年8月25日发布了《中华人民共和国农业行业标准——肉羊饲养标准》(NYT 816—2004)，详细介绍了不同类型肉羊的营养需要量，本书仅将其中《生长肥育绵羊羔羊每日营养需要量》、《育肥绵羊每日营养需要量》、《肉用绵羊对日粮硫、维生素、微量矿物元素需要量》介绍给大家。详见附表7至附表10。

附表7　生长肥育绵羊羔羊每日营养需要量

体重（千克）	日增重（千克）	干物质采量（千克）	消化能（兆焦）	代谢能（兆焦）	粗蛋白质（克）	钙（克）	总磷（克）	食盐（克）
4	0.1	0.12	1.92	1.88	35	0.9	0.5	0.6
4	0.2	0.12	2.8	2.72	62	0.9	0.5	0.6
4	0.3	0.12	3.68	3.56	90	0.9	0.5	0.6
6	0.1	0.13	2.55	2.47	36	1	0.5	0.6
6	0.2	0.13	3.43	3.36	62	1	0.5	0.6
6	0.3	0.13	4.18	3.77	88	1	0.5	0.6
8	0.1	0.16	3.1	3.01	36	1.3	0.7	0.7
8	0.2	0.16	4.06	3.93	62	1.3	0.7	0.7

续附表 7

体重（千克）	日增重（千克）	干物质采量（千克）	消化能（兆焦）	代谢能（兆焦）	粗蛋白质（克）	钙（克）	总磷（克）	食盐（克）
8	0.3	0.16	5.02	4.6	88	1.3	0.7	0.7
10	0.1	0.24	3.97	3.6	54	1.4	0.75	1.1
10	0.2	0.24	5.02	4.6	87	1.4	0.75	1.1
10	0.3	0.24	8.28	5.86	121	1.4	0.75	1.1
12	0.1	0.32	4.6	4.14	56	1.5	0.8	1.3
12	0.2	0.32	5.44	5.02	90	1.5	0.8	1.3
12	0.3	0.32	7.11	8.28	122	1.5	0.8	1.3
14	0.1	0.4	5.02	4.6	59	1.8	1.2	1.7
14	0.2	0.4	8.28	5.86	91	1.8	1.2	1.7
14	0.3	0.4	7.53	6.69	123	1.8	1.2	1.7
16	0.1	0.48	5.44	5.02	60	2.2	1.5	2
16	0.2	0.48	7.11	8.28	92	2.2	1.5	2
16	0.3	0.48	8.37	7.53	124	2.2	1.5	2
18	0.1	0.56	8.28	5.86	63	2.5	1.7	2.3
18	0.2	0.56	7.95	7.11	95	2.5	1.7	2.3
18	0.3	0.56	8.79	7.95	127	2.5	1.7	2.3
20	0.1	0.64	7.11	8.28	65	2.9	1.9	2.6
20	0.2	0.64	8.37	7.53	96	2.9	1.9	2.6
20	0.3	0.64	9.62	8.79	128	2.9	1.9	2.6

附录七　肉绵羊的饲养标准

附表 8　育肥绵羊每日营养需要量

体重（千克）	日增重（千克）	干物质采量（千克）	消化能（兆焦）	代谢能（兆焦）	粗蛋白质（克）	钙（克）	总磷（克）	食盐（克）
20	0.1	0.8	9	8.4	111	1.9	1.8	7.6
20	0.2	0.9	11.3	9.3	158	2.8	2.4	7.6
20	0.3	1	13.6	11.2	183	3.8	3.1	7.6
20	0.45	1	15.01	11.82	210	4.6	3.7	7.6
25	0.1	0.9	10.5	8.6	121	2.2	2	7.6
25	0.2	1	13.2	10.8	168	3.2	2.7	7.6
25	0.3	1.1	15.8	13	191	4.3	3.4	7.6
25	0.45	1.1	17.45	14.35	218	5.4	4.2	7.6
30	0.1	1	12	9.8	132	2.5	2.2	8.6
30	0.2	1.1	15	12.3	178	3.6	3	8.6
30	0.3	1.2	18.1	14.8	200	4.8	3.8	8.6
30	0.45	1.2	19.95	16.34	351	6	4.6	8.6
35	0.1	1.2	13.4	11.1	141	2.8	2.5	8.6
35	0.2	1.3	16.9	13.8	187	4	3.3	8.6
35	0.3	1.3	18.2	16.6	207	5.2	4.1	8.6
35	0.45	1.3	20.19	18.26	233	6.4	5	8.6
40	0.1	1.3	14.9	12.2	143	3.1	2.7	9.6
40	0.2	1.3	18.8	15.3	183	4.4	3.6	9.6

续附表 8

体重（千克）	日增重（千克）	干物质采量（千克）	消化能（兆焦）	代谢能（兆焦）	粗蛋白质（克）	钙（克）	总磷（克）	食盐（克）
40	0.3	1.4	22.6	18.4	204	5.7	4.5	9.6
40	0.45	1.4	24.99	20.3	227	7	5.4	9.6
45	0.1	1.4	16.4	13.4	152	3.4	2.9	9.6
45	0.2	1.4	20.6	16.8	192	4.8	3.9	9.6
45	0.3	1.5	24.8	20.3	210	6.2	4.9	9.6
45	0.45	1.5	27.38	22.39	233	7.4	6	9.6
50	0.1	1.5	17.9	14.6	159	3.7	3.2	11
50	0.2	1.6	22.5	18.3	198	5.2	4.2	11
50	0.3	1.6	27.2	22.1	215	6.7	5.2	11
50	0.45	1.6	30.03	24.38	237	8.5	6.5	11.0

附表 9　肉用绵羊对脂溶性维生素的需要量　（以干物质为基础）

体重阶段（千克）	生长羔羊	育成母羊	育成公羊	育肥羊	妊娠母羊	泌乳母羊
	4～20	25～50	20～70	20～50	40～70	40～70
维生素 A（单位/天）	188～940	1175～2350	940～3290	940～2350	1880～3948	1880～3434
维生素 D（单位/天）	26～132	137～275	111～389	111～278	222～440	222～380
维生素 E（单位/天）	2.4～12.8	12～24	12～29	12～23	18～35	26～24

附录七　肉绵羊的饲养标准

附表 10　肉用绵羊对日粮硫和微量矿物元素的需要量
（以干物质为基础）

体重阶段（千克）	生长羔羊	育成母羊	育成公羊	育肥羊	妊娠母羊	泌乳母羊	最大耐受量
	4～20	25～50	20～70	20～50	40～70	40～70	
硫(克/天)	0.24～1.2	1.4～2.9	2.8～3.5	2.8～3.5	2.0～3.0	2.5～3.7	—
铁(毫克/千克)	4.3～23	29～58	50～79	47～83	65～86	72～94	500
铜(毫克/千克)	0.97～5.2	6.5～13	11～18	11～19	16～22	13～18	25
锌(毫克/千克)	2.7～14	18～36	50～79	29～52	53～71	50～77	750
钴(毫克/千克)	0.018～0.096	0.12～0.24	0.21～0.33	0.2～0.35	0.27～0.36	0.3～0.39	10
锰(毫克/千克)	2.2～12	14～29	25～40	23～41	32～44	36～47	1000
碘(毫克/千克)	0.08～0.46	0.58～1.2	1.0～1.6	0.94～1.7	1.3～1.7	1.4～1.9	50
硒(毫克/千克)	0.016～0.086	0.11～0.22	0.19～0.30	0.18～0.31	0.24～0.31	0.27～0.34	2